플라스틱 금형 · 사출성형과 제품설계

## 플라스틱 금형·사출성형과 제품설계

1판 1쇄 인쇄  2021년 11월 10일
1판 1쇄 발행  2021년 11월 17일

**지은이**  이 국 환
**펴낸이**  나 영 찬
**펴낸곳**  기전연구사
**출판등록**  1974. 5. 13. 제5-12호
**주 소**  서울시 동대문구 천호대로 4길 16(신설동 기전빌딩 2층)
**전 화**  02-2238-7744
**팩 스**  02-2252-4559
**홈페이지**  kijeonpb.co.kr

ISBN  978-89-336-1020-6

정가  28,000원

# 플라스틱
# 금형 · 사출성형과
# 제품설계

몰드(Mold) 금형
플라스틱 제품의 성형법(사출성형)
물성 비교
플라스틱 성형품의 불량원인과 대책 및 허용오차
사출성형품의 설계 및 요구특성과 재료의 선택
수지특성을 고려한 제품설계 및 응용

이 국 환 지음

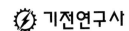

기전연구사

# 머리말

플라스틱은 반세기 동안 우리들의 삶과 생활 스타일을 크게 변화시켰다. 우리들의 식생활은 플라스틱에 의해 크게 변화하였다. 편의점에서 다양한 도시락과 음료를 쉽게 구매하도록 된 것도 플라스틱제 용기가 있기 때문이다. 그 외에도 우리들 주위 환경의 많은 것들이 플라스틱으로 만들어져 있다. 플라스틱이 없었다면 이 정도까지 우리의 생활이 편리하게 되지는 않았을 것이다. 그리고 플라스틱의 용도는 실생활의 사소한 제품만이 아니라 그 용도는 산업계의 전반에 까지 아주 널리 사용되고 있다. 빠른 속도로 융·복합 연구개발이 진행되어져 가는 4차 산업혁명의 시대에 있어, 이 플라스틱은 첨단가전제품분야(TV, 세탁기, 냉장고, 청소기, 에어컨, 공기청정기, 식기세척기, 진공청소기 등), 전기전자분야(차량, 전장, LED, 조명, 광학기기, 전원을 이용한 기기 등), 정보통신분야(스마트폰, 디스플레이, 반도체, 반도체소자, 반도체장비 등), 기계시스템·정밀기기분야(센서, 나노, 초정밀기기 완제품, 모듈, 부품, 소재 등), 의료기기분야(진단·치료·검사기기, 내시경, 모니터링 시스템, 피부·미용기기, 인체 수술용품, 헬스케어 등), 환경·에너지, 해양·플랜트에 항공기, 드론, 로봇, 무인·자율자동차, IoT, 항공우주산업에 이르기까지 아주 광범위하게 사용되고 있다. 그 용도는 이루 말할 수가 없다.

본 저서는 이렇게 다양하게 사용되는 플라스틱을 다음과 같이 분류하고, 이의 개념, 원리, 물성, 특성, 제조방법, 제품 개발에의 활용, 사용의 예시, 실생활에 적용 등을 총 망라하여 최근의 플라스틱까지의 내용을 포함하는 전문 종합서로 저술하였다. 내용 전개의 분류는 다음과 같이 하였다.

1. 몰드(Mold) 금형
2. 플라스틱 제품의 성형법(사출성형)
3. 플라스틱 성형 제품의 불량원인과 대책 및 허용공차
4. 물성 비교
5. 제품설계(Ⅰ) (사출성형품의 설계) 및 요구특성과 재료의 선택
6. 제품설계(Ⅱ) (수지특성을 고려한 제품설계) 및 응용

더불어 당연히 제품개발, 제조·공정 등 생산에 관련하여 연계 내용도 서술하였다.

지금까지 저자는 제품개발과 설계 관련 수 많은 저서를 이미 출간하였고, 3차례에 걸쳐 문화관광부에서 선정한 우수학술저서에 선정되었다. 이 저서들이 대기업, 중견·중소기업, 대학교 및 연구기관 등에서 실무 및 직무교육 교재로서 잘 활용하고 있다. 여기에 완제품, 반제품, 모듈, 부품의 소재로 아주 중요하고 폭넓게 활용되는 플라스틱에 대한 방대한 내용의 본 저서는 국가의 기술경쟁력을 높이고, 제품 및 시스템의 연구개발과 설계에 큰 도움을 주는 동시에 길잡이가 되리라 확신한다.

다른 면을 한번 생각해 보자.

우리는 플라스틱의 편리성이라는 이유로 플라스틱 제품을 많이 사용하고, 간단하게 버려왔다. 플라스틱은 우리 생활에 밀착하고, 크게 공헌하고 있으나 그 이상으로 환경문제, 자원문제, 쓰레기문제, 안전성 등의 문제점도 나타나고 있다. 플라스틱이 포함하고 있는 문제의 대다수는 매우 인간적이며, 사회적, 현대적인 것에 있다고 할 것이다.

플라스틱을 훌륭하게 사용할 수 있는 것은 플라스틱을 보다 잘 이해하고 그 장점과 단점을 냉정하게 확인하면서 개선할 필요가 있다. 플라스틱의 좋은 면으로

- 가볍다.
- 취급하기 쉽다.
- 화학적으로 안정하다.
- 가격이 저렴하며, 대량생산이 좋다.
- 다양한 편리성을 제공한다.

등이 있다. 또 역으로 문제점으로는

- 환경호르몬에 의한 인체의 안전성
- 환경문제
- 자원문제
- 쓰레기문제

등이 있다. 플라스틱을 나쁜 것이라고만 여기는 것도 안된다.

플라스틱의 장점을 최대한으로 살리고 나쁜 면을 최소한으로 방지하려는 연구를 계속 해야만 한다. 만약 플라스틱의 편리성만을 추구하고 포함된 문제점을 경시한다면 인간과 자연에 미치는 문제가 점점 심각하게 되어 버린다.

플라스틱은 목적에 따라 여러 가지 성질의 물건을 만들어 인간에게 편의성을 주기에 문제점을 개선·개량시키면서 발전시켜 나가야 할 것이다. 플라스틱을 진정한 의미로 사용하기 위해서는 이와 같은 밸런스 감각을 지닌 플라스틱을 고려할 필요가 있다.

저자는 35년을 연구개발에 전념을 해오고 있다. 학자, 연구자로서의 신념은 "기술(Technology)이란 인간의 일상생활을 풍족하고 편리하게 해주는 도구"가 되어야 한다는 것이다.

4차 산업혁명의 핵심소재 플라스틱은 미래산업에 있어 핵심소재이다. 따라서 기술보국(技術報國)의 현장에서 최선을 다하는 독자들에게 큰 도움이 되리라 생각한다. 끝으로 이 책을 펴내는데 있어서 같이 작업을 하며, 출간에 수고해 주신 기전연구사 나영찬 사장님을 비롯한 직원 여러분께 진심으로 감사를 드린다.

2021년 11월

저자 이 국 환(李國煥)

# 차 례

CHAPTER
01
Mold(몰드) 금형

금형은 원하는 형상 및 치수의 성형품을 만드는 것이 주된 역할이며, 또한 금형 안으로 들어온 고온의 용융된 plastic을 냉각시키는(경우에 따라서는 가열 및 보온) 열교환기로서의 역할도 하고 있다. 특히 후자의 조건은 성형품 품질에 큰 영향을 미친다.

## 1.1 사출성형용 금형의 종류와 기본구조

### 1.1.1 금형의 종류

금형의 종류는 기본구조 및 그 사용목적에 따라 표 1-1과 같이 분류할 수 있다.

**표 1-1** 금형의 종류

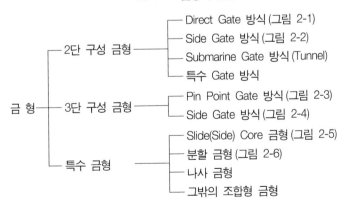

### 1) 2단 구성 금형(2-Plate형 금형)

2단 구성 금형은 parting line(P/L, 고정측과 가동측이 분리되는 면)에 의해 고정측(cavity)과 가동측(core)으로 분리되는 가장 일반적인 구조의 금형이다. 본 금형의 특징은 게이트의 종류와 위치를 비교적 임의로 결정할 수 있으며, 형개폐의 스트로크(stroke)가 짧아 성형 사이클이 단축되며, 금형 제작비도 저렴하다.

### 2) 3단 구성 금형(3-Plate형 금형)

3단 구성 금형은 고정측 부착판과 고정측 형판 사이에 runner stripper plate를 설치하고 금형이 열릴 때마다 이 runner stripper plate가 열려 runner를 뺄 수 있도록 한 금형이다.

본 금형의 특징은 이상적인 gate 위치를 설정할 수 있으며, pin point gate의 경우 금형이 열릴 때 gate가 자동 절단되고, 그 흔적도 작으며, 또한 multi-cavity로 제작이 가능하다. 그러나 형개폐의 stroke가 길어 성형 cycle이 길고 구조가 복잡하여 금형제작가격이 높다.

### 3) 특수 금형

특수 금형의 구조는 경우에 따라 달리하므로 단적으로 표현할 수는 없으며, 그 특징은 금형이 복잡하고 ejecting(이젝팅)에서도 시간이 걸리지만 전용화로서 이용되면 그 효과는 크다. 본 금형의 대부분은 사출성형기의 왕복운동을 이용하거나, 기어나 핀에 의해 작동되기도 하며, 유압장치나 에어 장치를 금형 내에 설치해야 하는 것도 있다.

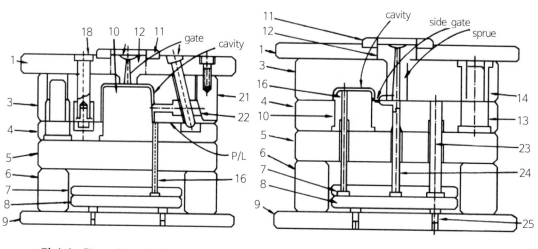

**그림 1-1** Direct Gate 방식(2단 구성)
(고정측에 Slide Core 설치)

**그림 1-2** Side Gate 방식(2단 구성)

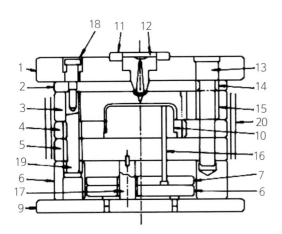

**그림 1-3**  Pin Point Gate 방식(3단 구성)

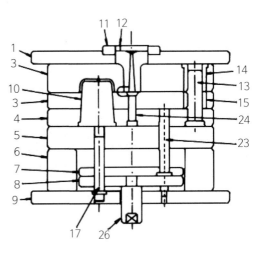

**그림 1-4**  Side Gate 방식(3단 구성)
(Stripper Plate 설치)

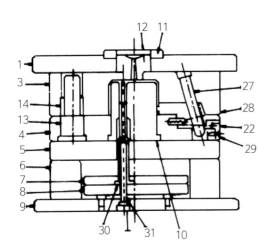

**그림 1-5**  Slide Core 금형(특수금형)
(그림 1-1과는 반대로 Side Core가
가동축에 있어, 측면 hole의 형성을
위해 좌우 이동한다.)

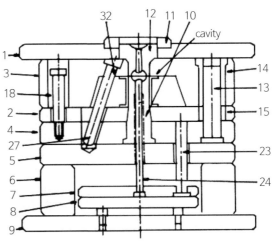

**그림 1-6**  분할 금형(특수금형)

### 금형의 각부 명칭

| 번호 | 명 칭 | 번호 | 명 칭 | 번호 | 명 칭 |
|---|---|---|---|---|---|
| 1 | 고정측 부착판 | 12 | Sprue Bush | 23 | Return Pin |
| 2 | Runner Stripper Plate | 13 | Guide Pin | 24 | Sprue Lock Pin |
| 3 | 고정측 형판 | 14 | Guide Pin Bush | 25 | Stop Pin |
| 4 | 가동측 형판 | 15 | Guide Pin Bush | 26 | Ejector Rod |
| 5 | 받침판 | 16 | Ejector Pin | 27 | Angular Pin |
| 6 | Spacer Block | 17 | Ejector Plate Guide Pin | 28 | Coil Spring |
| 7 | Ejector Plate (상) | 18 | Stop Bolt | 29 | Stopper |
| 8 | Ejector Plate (하) | 19 | 프러 볼트 | 30 | Core Pin |
| 9 | 가동측 부착판 | 20 | Chain | 31 | Ejector Sleeve |
| 10 | Core | 21 | Locking Block | 32 | 분할 Block |
| 11 | Locate Ring | 22 | Slide Core | | |

## 1.1.2 금형의 기본구성부품

금형의 주요 각 구성부품에 대해 설명한다.

### 1) Locate Ring(KSB 4156)

Locate ring은 사출성형기의 nozzle과 금형의 sprue bush와의 적정한 위치를 잡기 위한 것이다.

### 2) Sprue Bush(KSB 4157)

Sprue bush는 사출성형기의 nozzle과 접속되는 부분이다. sprue bush측의 R은 그림 1-7에서 표시한 것과 같이 nozzle측의 r보다 1mm 정도 크게 하여, 접속부위에서 용융된 plastic이 흘러나오지 않도록 한다. sprue bush의 빼기구배는 3°~4°가 일반적이나 길이가 길 경우는 1°~2°로 한다.

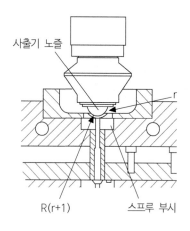

**그림 1-7** Sprue와 사출기 Nozzle과의 접속관계

### 3) Sprue Lock Pin

Sprue lock pin은 runner를 sprue bush에서 쉽게 빼낼 수 있도록 하기 위한 것이다. 본 핀의 선단 형상은 수지의 종류, runner의 치수에 따라 다르다. 그림 1-8은 그 종류를 표시한 것이다.

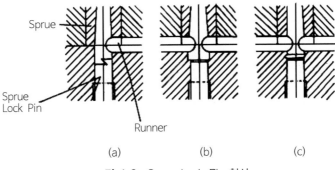

**그림 1-8** Sprue Lock Pin 형상

### 4) Runner

Runner는 용융수지를 sprue bush에서 cavity로 인도하는 유로로서 수지의 종류에 따라 단면형상을 달리한다(그림 1-9). 그 단면형상은 재료의 유동성을 고려하면 굵고 짧게 하는 것이 좋으나, 이 경우 냉각시간이 오래 걸려 성형 사이클이 길어질 수 있다. 이상적인 형상은 원형이나, 제작공수가 많이 들어 사다리꼴이나 반원형으로 하며, 고정측 또는 가동측에 설치한다.

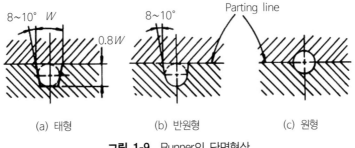

**그림 1-9** Runner의 단면형상

### 5) Gate

Gate는 runner의 종점이자 cavity에 주입되는 용융수지의 흐름을 제어하는 입구이며, 동시에 용융수지가 runner측으로 역류되는 것을 방지하는 역할을 한다. 게이트의 위치는 성형품의 가장 두꺼운 부분에 붙이는 것이 원칙이고, 각 cavity의 말단부까지 충분히 충전할 수 있는 곳에 설치한다. gate의 종류와 특징은 다음과 같다.

| 유동형식 | Gate의 종류 | 적 용 | 장 점 | 단 점 |
|---|---|---|---|---|
| 비제한 Gate | Direct Gate (Sprue Gate) (그림 1-10) | ① 대형 성형품 | ① 수지의 유동성이 좋다. ② 구조가 간단하다. ③ 적용수지가 넓다. | ① Multi-Cavity에는 적용 불가. ② Gate처리는 후가공으로 해야 한다. ③ Gate 부근에 잔류응력이 걸림. |
| 제한 Gate | Side Gate (표준 Gate) (그림 1-11) | ① Multi-Cavity 금형 ② 외관상에 Gate 흔적이 남아도 무방한 제품 | ① 잔류응력이 적다. ② Gate 가공이 쉽고 정밀하게 할 수 있다. | ① 유동저항이 크다. |
| | Overlap Gate (그림 1-12) | ① Side Gate의 일종 ② 성형품에 Flow Mark 발생 방지 목적 | ① Gate 흔적이 외관상에 눈에 띄지 않는다. | ① Gate 가공에 주의가 필요 |
| | Fan Gate (그림 1-13) | ① 두께가 얇고 평면 제품 | ① 잔류응력이 적다. ② 얇은 단면부분까지 원활하고 균등하게 충전됨. | ① Gate 가공에 다소 공수가 든다. ② Gate 절단이 어렵다. |
| | Film Gate (그림 1-14) | ① 두께가 얇고 평면 제품 | ① Fan Gate보다 더 원활히 충전시킬 수 있다. | ① Gate 가공에 다소 공수가 든다. |
| | Disk Gate (그림 1-15) | ① 원형 성형품 (기어 등) | ① Weld Line 방지 ② 유동성이 좋다. ③ 원형 성형품의 정밀도가 좋다. | ① Gate 제거가 번거롭다. |
| | Ring Gate (그림 1-16) | ① 원통형이면서 길이가 긴 성형품 | ① Weld Line 방지 ② 유동성이 좋다. ③ 원형 성형품의 정밀도가 좋다. | ① Gate 제거가 번거롭다. |
| | Tab Gate (그림 1-17) | ① PVC, PMMA 등 투명 성형품 | ① 잔류응력, 변형이 적다. | ① 유동저항이 크다. |
| | Submarine Gate (그림 1-18) | ① Multi-Cavity 금형 ② Side Gate의 자동화 | ① Gate가 자동 절단되고 흔적이 적다. | ① 유동저항이 크다. ② 가공이 다소 어렵다. |
| | Pin Point Gate (그림 1-19) | ① Multi-Cavity 금형 ② Gate 위치는 비교적 제한을 받지 않음. | ① Gate가 자동 절단되고 흔적이 적다. | ① 유동저항이 크다. ② 과열되기 쉽다. ③ 구조가 복잡 ④ 모든 수지에 적용되지 않음. |

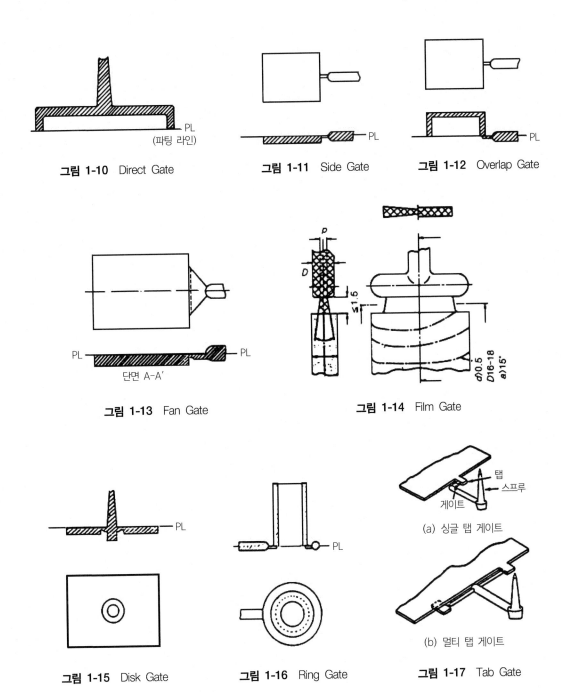

**그림 1-10** Direct Gate

**그림 1-11** Side Gate

**그림 1-12** Overlap Gate

**그림 1-13** Fan Gate

**그림 1-14** Film Gate

**그림 1-15** Disk Gate

**그림 1-16** Ring Gate

**그림 1-17** Tab Gate

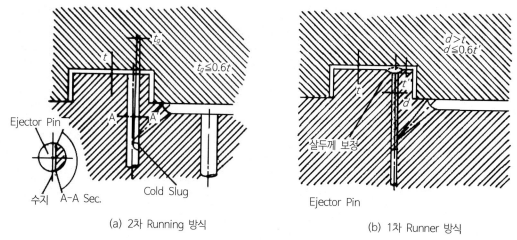

(a) 2차 Running 방식          (b) 1차 Runner 방식

**그림 1-18** Submarine Gate

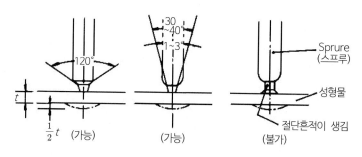

**그림 1-19** Pin Point Gate

금형설계 중에서도 runner와 gate의 설계는 매우 delicate한 부분으로, 그 설계의 양부에 따라 성형품의 품질이 좌우된다 해도 과언이 아니다. 이의 최적설계를 위해 CAE(computer aided engineering)에 의한 수지유동해석이 도입되고 있는데, 이는 runner와 gate 설계의 중요성에서 발전하고 있으며 많은 소프트웨어와 그 용용 예가 발표되고 있다.

CAE에 의한 금형설계 적용 예는 다음과 같다.

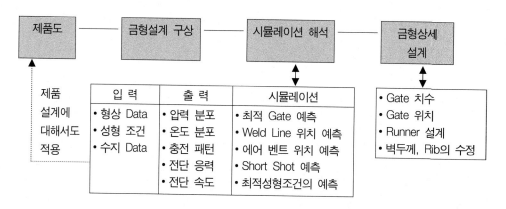

금형 CAE에 의한 사출성형해석의 적용 예는 다음 그림 1-20과 같다.

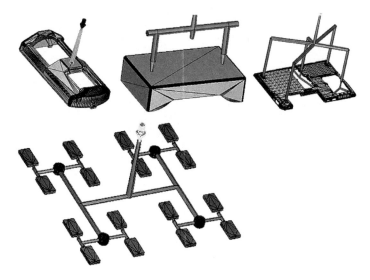

(a) 용융수지 흐름(flow) 해석(스프루, 런너, 게이트)

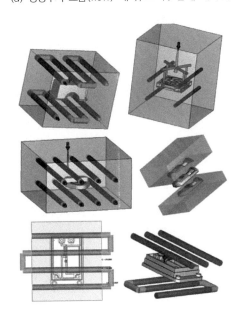

(b) 냉각(cooling) 해석

**그림 1-20** 금형 CAE에 의한 사출성형해석의 예

제품디자인, 제품설계 후 양질의 금형설계 및 금형제작을 위해 거쳐야 할 기본적이며 필수적인 검토단계 사항은 다음과 같다.

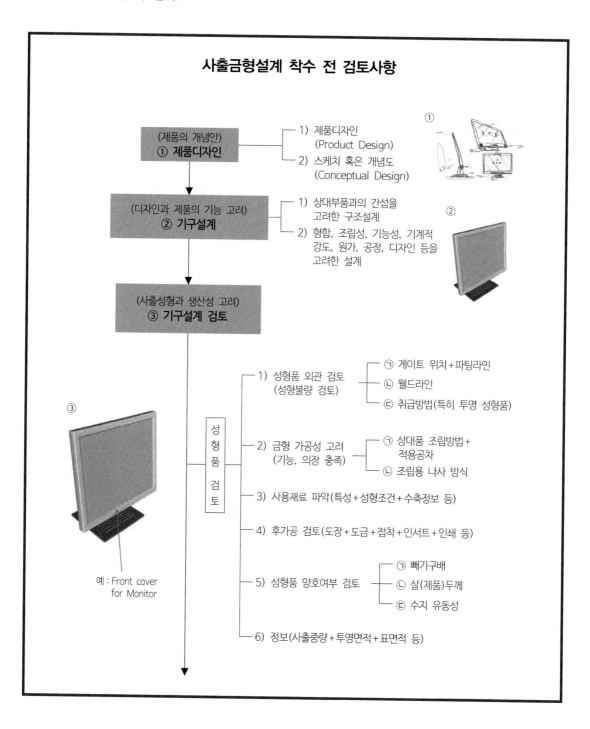

## 사출금형설계 착수 전 검토사항

**(제품의 개념안)**
**① 제품디자인**
- 1) 제품디자인 (Product Design)
- 2) 스케치 혹은 개념도 (Conceptual Design)

**(디자인과 제품의 기능 고려)**
**② 기구설계**
- 1) 상대부품과의 간섭을 고려한 구조설계
- 2) 형합, 조립성, 기능성, 기계적 강도, 원가, 공정, 디자인 등을 고려한 설계

**(사출성형과 생산성 고려)**
**③ 기구설계 검토**

성형품 검토

- 1) 성형품 외관 검토 (성형불량 검토)
  - ㉠ 게이트 위치＋파팅라인
  - ㉡ 웰드라인
  - ㉢ 취급방법(특히 투명 성형품)
- 2) 금형 가공성 고려 (기능, 의장 충족)
  - ㉠ 상대품 조립방법＋적용공차
  - ㉡ 조립용 나사 방식
- 3) 사용재료 파악(특성＋성형조건＋수축정보 등)
- 4) 후가공 검토(도장＋도금＋접착＋인서트＋인쇄 등)
- 5) 성형품 양호여부 검토
  - ㉠ 빼기구배
  - ㉡ 살(제품)두께
  - ㉢ 수지 유동성
- 6) 정보(사출중량＋투영면적＋표면적 등)

예 : Front cover for Monitor

## 6) 제품의 돌출기구

성형품의 돌출방법은 여러 종류가 있으며, 그 주된 것은 다음과 같다.

### (1) Ejector Pin 돌출(Pin 돌출)

가장 일반적으로 사용되고 있는 돌출방법이다. 그 돌출위치를 어디에 둘 것인가는 금형설계시 고려하여야 한다. 그림 1-21과 같은 방식으로 핀을 돌출시키면 성형품의 돌출흔적은 반원형이 되며, burr(버)의 발생이 쉬운 결점이 있다.

### (2) Ejector Sleeve 돌출(Sleeve 돌출)

중앙에 구멍이 있는 원형 성형품, 원형 boss(보스)의 ejecting에는 ejector sleeve 돌출방식이 일반적으로 사용된다(그림 1-22).

### (3) Blade 돌출(각 Pin 돌출)

폭이 가늘고 깊이가 깊은 rib(리브)라든가 격자상의 성형품을 돌출하는데 사용하고 있다(그림 1-23).

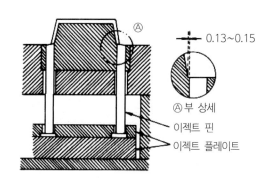

**그림 1-21** 가장자리를 밀어주는 Ejector

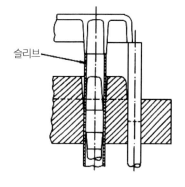

**그림 1-22** Sleeve 돌출

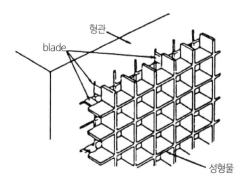

**그림 1-23** 각형 Pin Ejecting

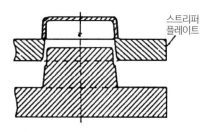

**그림 1-24** Stripper Plate 돌출

### (4) 압축공기에 의한 돌출

깊이가 깊고, 벽두께가 얇은 제품을 돌출시키는 방식으로 연한 수지라도 변형이라든가 파손을 일으키지 않고 돌출된다.

### (5) Stripper Plate 돌출

그림 1-24와 같이 성형품의 전 둘레를 밀어내는 방식으로 돌출력이 강하며, 이형저항이 큰 성형품이라도 확실히 이형되며, 밀어낸 흔적도 눈에 잘 띄지 않는다.

### (6) 2단 돌출

Stripper plate 돌출방식에서 stripper plate 자체 내에 제품형상 일부를 넣으면 돌출 후에도 성형품이 stripper plate에 그대로 부착된 상태가 되므로 다시 한 번 밀어내지 않으면 안 된다.

이때 돌출 핀 등으로 2단 돌출시켜 제품을 낙하되도록 한다. 이 돌출방법을 2단 돌출이라 한다.

### (7) 이밖에 고정측형판(KSB 4151), 가동측형판(KSB 4151), 받침판(KSB 4151), ejector plate 위 및 아래, guide pin(KSB 4152) 및 guide pin bush(KSB 4155), return pin, guide pin(KSB 4152) 등이 있다.

## (1.1.3) 금형의 냉각 및 온도조절

열가소성 plastic의 경우 plastic이 냉각 고화(固化)하지 않으면 안 되므로 금형에 냉각수용 구멍을 뚫고 이곳에 냉각수를 통과시켜 냉각한다. 경우에 따라서는 금형온도를 일정하게 하기 위해 물 또는 가열매체(주로 ethylene glycol)를 일정온도로 가열시킨 후 이것을 통과시켜 금형을 일정온도로 유지시키기도 한다.

열경화성 plastic이나 금형온도를 100℃ 이상의 고온으로 유지하고 사출성형해야 하는 열가소성 plastic 금형(주로 엔지니어링 plastic 경우)에서는 금형에 cartridge heater 또는 band heater를 붙여 전열로서 온도조절하여 일정온도를 유지시킨다.

저열, 냉각 어느 경우도 금형의 온도가 부분적으로 불균일하면 고화하는 속도가 부분적으로 달라져 성형불량이 생기기도 하고 성형 사이클이 늦어질 수 있으므로 금형설계시 필요한 개소가 충분한 온도조절이 될 수 있도록 냉각 및 온도조절장치를 설계해야 한다.

## (1.1.4) 가스빼기(Breathing)

가스빼기는 일반적으로 경시되는 경향이 있으나, 가스빼기 불량은 단순히 성형불량으로만 되는 것이 아니고, 엔지니어링 plastic의 경우는 그 수지에 sulfide(황화물) 성분이 포함되어 있어 가스빼기가 부족하면 부식성 가스가 발생하여 금형을 부식시킬 위험이 있다. 또한, glass 섬유강화 plastic의 경우는 발생되는 가스량이 많아 충분한 가스빼기가 필요하다.

그림 1-25는 연속 가스빼기방식의 1-캐비티 금형을, 그림 1-26은 multi-cavity 금형에서 연속 가스 빼기방식을 표시한다. 그림 1-27은 가스빼기 겸용 ejector pin의 예를 표시한다.

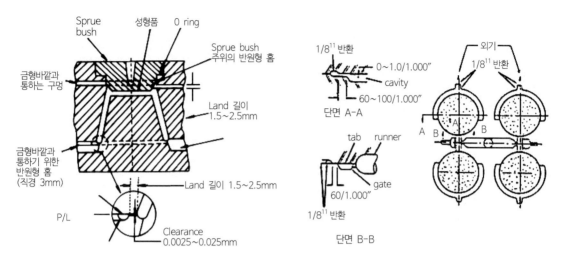

**그림 1-25** 연속 가스빼기방식의 1-캐비티 금형       **그림 1-26** Multi-cavity 금형의 연속 가스빼기방식

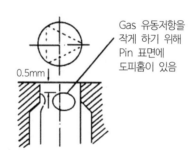

**그림 1-27** 가스빼기 겸용 Ejector pin

## 1.2 | 금형의 제작

### 1.2.1 Cavity(캐비티) 수의 결정

금형제작에서 선행되어야 할 것은 제품의 cavity 수를 결정해야 한다. 생산총수, 생산 로트(lot)가 큰 경우에는 multi-cavity가 바람직하다. 그러나 multi-cavity의 경우에는 cavity 자체는 정밀제작되었어도 sprue에서 cavity에 이르는 거리의 차, gate 크기의 차 등에 의한 유동저항의 차이가 생기면 각 cavity 제품의 치수의 차가 생길 수 있다. 따라서 높은 정밀도가 요구되는 제품에서는 최대 4

cavity 이하로 할 필요가 있다. multi-cavity 금형에서는 각 cavity에 균일 plastic의 흐름이 필요하므로 그림 1-28에 표시한 예와 같이 16 cavity일 때는 A와 같이 cavity 배열이 유동거리가 균일하도록 해야 하며, B, C와 같이 runner(런너)의 길이가 다른 것은 바람직하지 못하다.

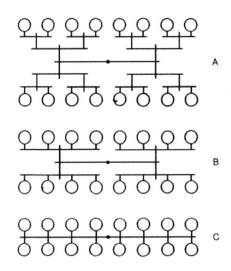

**그림 1-28** Multi-cavity 시스템 예(A의 예가 유동거리가 가장 균일하다.)

다음 그림 1-29는 4 cavity 사출(성형)품일 때의 cavity의 배열과 사출품을 구성하는 주요 구성요소를 보여준다.

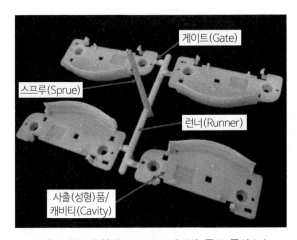

**그림 1-29** 금형의 4 cavity 배열과 주요 구성요소

## 1.2.2 금형의 재료

### 1) 금형재료와 선택사항

금형재료로서는 현재 KSD 3752(기계구조용 탄소강재)의 SM50C, SM55C, KSD 3711(크롬 몰리브덴강재)의 SCM440 또는 KSD 3751(탄소공구강재)의 STC7가 사용되고 있다.

금형재료는 다음 사항을 고려하여 선택해야 한다.

① 가공성이 좋을 것.

② 구입이 용이한 것.

③ 연마가 쉽고 연마면이 좋을 것.

④ 내마모성이 있을 것.

⑤ 조직이 균일하고 pin hole이 없을 것.

⑥ 용접성이 좋을 것.

⑦ 열처리가 용이하고 열처리 후 변형이 없을 것.

금형의 제조공정 중 표준 die set로서 시판되고 있는 것을 구입하여 금형제조업자가 이것에 캐비티, 코어 등만을 제작하는 경우가 많다.

### 2) 주로 사용하는 금형재료의 특성

① NAK55

- 뛰어난 경면 연마면과 광택을 얻을 수 있다.
- 가공면이 극히 양호하다.
- 기계가공이 양호하다.
- 최적조건에서 열처리하였으므로 그대로 형상가공에 사용할 수 있다.

② NAK80

- NAK55의 경면 연마성, 방전, 가공면, 인성을 개선한 재료이다.
- 경면 연마성이 우수하다.
- 방전가공면이 치밀하고 미려하다.
- 투명, 광택제품, 정밀 금형에 주로 사용한다.
- 용접성이 우수하고 열처리가 필요없다.

③ STAVAX(크롬합금 스테인리스 금형강, SUS420J2)

- 내부식성이 뛰어나다.
- 내마모성이 우수하다.
- 경면성이 우수하다.
- 냉각수 회로의 부식문제를 극감시킬 수 있으므로 효과적인 냉각이 가능하다.

④ KP1, KP4, KP4M
- 기계가공성이 양호하여 가공시간을 크게 단축시킬 수 있다.
- 금형가공시 변형발생을 최소화할 수 있다.
- 고광택용으로 다소 부적절하다.

⑤ HR750
- 열전도도가 다른 금형소재에 비해 3배가량 높다. 냉각이 불리한 곳에 주로 사용한다.
- 금형온도가 높을수록 성형사이클 단축에 유리하다.
- S50C 이상의 강도, 내마모성, 절삭성 및 방전가공이 우수하다.

⑥ ASSAB718
- 경면성이 뛰어나다.
- 청청도가 높으며 균일성이 우수하다.
- 취약부위 및 인성이 요구되는 부위에 사용한다.
- 부식가공성이 우수하다.
- 치수에 관계없이 경도가 균일하다.
- STAVAX 대용으로 쓰기도 한다.

⑦ STD11(SKD11)
- 고탄소, 고크롬강이며 특히 내마모성이 크다.
- 주로 냉간프레스 금형에 많이 사용된다.
- HRC58 정도까지 경도를 구현할 수 있다.
- 경도가 요구될 때 열처리하여 사용한다.

⑧ STD61(SKD61)
- 열충격 및 열피로에 강하다.
- 주로 열간금형소재로 사용된다.
- 내마모성과 내열성의 장점을 이용하여 가공용 공구에 사용되고 있다.
- 정밀금형 및 열처리 금형에 주로 사용된다.

⑨ CENA1
- 프리하든강으로 사용경도는 HRC38~42 정도이다.
- 내청용, 경면, 부식, 방전가공면 중시할 때 사용한다.

### (1.2.3) 금형의 정도(精度)

사출성형용 금형의 제조치수는 제품치수에 plastic 제조업자가 지정하는 성형수축률을 감안, 치수를 증가시킨 것이 금형의 치수가 되며, 공차는 제품도면에서 지정공차의 1/2 내지 1/4로 하는 것이 일반이다.

금형제조에 있어 성형수축률과 흐름방향에 근거하여 성형수축률의 차를 사전에 정확히 예상하는 것은 곤란한 경우가 많기 때문에 제조시 이를 감안하여 수정 가능한 방향의 치수로 하는 것이 좋다. 만약 수정이 매우 곤란한 것은 용접 또는 별도의 코어에 의한 방법으로 하고 있다. 특히 구멍간격의 공차가 매우 작을 때는 구멍용 핀을 세우지 않고 시험사출한 후 그 결과를 보고 핀을 세우는 방법도 시행하고 있다.

## 1.2.4 금형의 제작공정 예

### 1) 차별화 기술

① 금형부품의 표준화, 공용화
② Core 소재의 다양화
③ Mo Coating(몰리브덴 코팅) 표면처리

### 2) 금형의 제작 프로세스(Process)

### 3) 제품의 경쟁력 방안

| | 수 량 | Core 재질 | 납 기 | 가 격 |
|---|---|---|---|---|
| 쾌속금형 | 5,000shot | DR79 | 10~15일 | 50~60% |
| | 100,000shot | KP4 | 15~25일 | 60~70% |
| 양산금형 | 100,000shot | KP4M<br>SKD61<br>NAK80 | 25~35일 | 70~80% |

① 특히, 다품종/소량생산(100shots~50,000shots), 준양산(100,000shots), 양산(100,000shots 이상)의 신제품 개발시기를 단축시킬 수가 있다.
② 새로운 금형기술로 정보통신제품, 아이디어상품, 의료기기, 전자제품, 부품 등 사출물이 필요한 모든 플라스틱 제품의 금형납기를 10일 이내에 기존 금형가격의 1/2 수준에서 공급한다.
③ 쾌속금형으로 10일 이내에 양질의 플라스틱 사출물을 기존 사출가격의 1/2 수준으로 공급하며, 제품개발기간을 단축시킴으로 제품 경쟁력을 높일 수 있다.

CHAPTER
02

Plastic 제품의 성형법

## 2.1 각종 성형법과 그 특징

### 2.1.1 성형가공의 개요

Plastic 가공은 그 성질이 있는 가소성을 이용한 것으로

① 열가소성 plastic은 가열연화에서 소성가공을 거쳐 냉각경화한다.

② 열경화성 plastic은 가열연화에서 소성가공을 거쳐 가열경화한다.

이와 같은 기본적인 공정으로 되어 있다.

Plastic 제품을 만들 때는 압축성형(compression molding), 사출성형(injection molding), 이송 (transfer molding), 압출(extrusion molding), 주입(cast molding), 적층(laminating), 진공(vacuum forming) 성형 등 7가지 방법이 주로 활용되고 있으며, 제품의 생산량이나 금액으로 볼 때는 사출성형 제품이 가장 많다. 따라서, 여기서는 사출성형을 제외한 기타 성형법은 개론적으로 성형법의 종류 및 특성을 가공 원리 및 공정개요 중심으로 기술하고, 사출방법은 2.2절에서 소개하고자 한다.

### 2.1.2 주요 성형법의 각론

#### 1) 압축성형(Compression Molding)

압축성형은 성행재료를 금형 cavity에 넣어 형을 닫고 압력과 열을 가해 성형하는 방법이며, 사용하는 성형기를 압축성형기라 한다. 이 성형법은 phenol, urea, melamine 등 각종 열경화성 plastic의 대표적 성형법이었으나 최근에는 열경화성수지 사출성형기로서 대신하고 있다.

압축성형의 기본적인 순서는, ① 성형재료의 칭량, ② 재료의 금형에 투입(예열하고 나서 투입하는 것이 좋다), ③ 금형 체결, ④ 가스 빼기(불필요한 경우도 있음), ⑤ 재형체결하고 가열 및 압축, ⑥ 금형을 열고 제품을 빼는 순서로 된다. 압축성형기는 형체방식에 따라 기계식 press, 유압식 press, 기계·유압식 press의 3종류로 구분된다(그림 2-1).

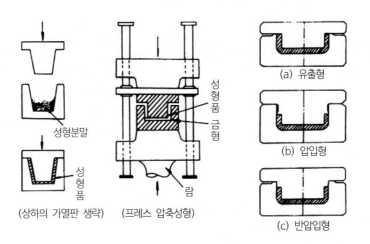

**그림 2-1** 압축성형의 공정

## 2) 이송성형(Transfer Molding)

이송성형은 열경화성수지의 사출성형이 선구를 이루는 것이다. 이송성형의 개요는 그림 2-2에 표시한다. 즉, 압축성형에서의 가역화과정과 성형공정과를 분리하여 행하는 것이며, 일종의 열경화성 plastic의 사출성형법이라고 말할 수 있다. transfer성형의 개요를 기술하면 다음과 같다.

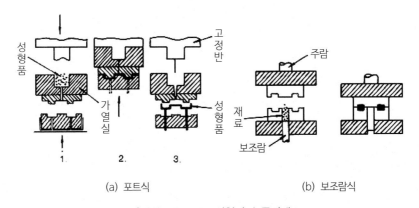

**그림 2-2** Transfer 성형법의 공정개요

열경화성수지 성형재료를 계량하여 타블레트를 만들어 예비성형을 행하고 이것을 가열한 포트 내에 넣어서 실린더를 삽입하여 가압, 가열시켜 노즐에서 금형 내로 밀어낸다. 금형은 수지의 경화에 충분한 온도로 가열되어 있기 때문에 수지는 경화하여 성형한다.

경화가 끝난 후 금형이 열려서 성형품이 빼내어진다. 금형은 소제되어 다음의 공정으로 옮겨지며 성형품은 플래시 제거, 애프터베이킹 등 후처리가 행하여지고 제품이 만들어진다. 이 성형법은 용융수지가 노즐에서 압출되어 성형되기 때문에 성형품은 경화상태가 균일하다.

또 압축성형보다 치수가 정확하며, 다듬질, 플래시 제거도 용이하며, insert 철구(鐵具)의 손상이 적고 또한 성형능률이 좋다. 이 성형법은 금형의 구조가 복잡하게 되고 특수한 프레스가 필요하게 된다. 트랜스퍼 성형법은 압출압력이 약간 높은 $700 \sim 2,000\,kgf/cm^2$ 정도는 필요하다. 이 방법은 성형공정의 자동화가 용이하다.

성형재료를 타블레트 머신으로 타블레트화 하고 고주파 예열을 행하여 자동적으로 가열실(포트) 내에 송압하고 압출하고 가열가압성형을 행한다. 이 공정을 반자동 또는 자동으로 행할 수 있다. 트랜스퍼 성형은 페놀(phenol)수지, 유리아(urea)수지, 에폭시(epoxy)수지 등이 있다.

### 3) 저압성형(低壓成形)

최근 전자공학의 진보에 수반하여 집적회로(IC)소자, 반도체기술의 개발이 급속하게 행하여지고 있다.

이 반도체 기술, IC 기술에서는 부품의 방습, 방진 등을 위해 수지에 의한 봉입(封入)기술이 필요하게 되었다. 이 봉입가공은 보통 주입성형수지(에폭시수지)로 행하고 있었으나, 최근 이송성형법을 사용하는 저압성형법이 나타나서 양산성이 있는 저압성형이 행하여지게 되었다. 전자부품은 일반적으로 내열성이 약하고 기계적으로 약한 것이 많으므로 봉입가공에는 저온, 저압으로 행하지 않으면 안 된다.

저압성형법의 특징은 다음과 같다.
① 성형품의 정도(精度)가 좋다.
② 전기특성이 좋고 기계강도가 강인하다.
③ 전자부품의 봉입이 용이하게 된다.
④ 작업능률이 극히 좋다.

저압성형법의 성형조건은 다음과 같다.
① 온도 : $120 \sim 150℃$ 또는 그 이하
② 압력 : $2.5 \sim 80\,kgf/cm^2$

### 4) 불로우 성형(Blow Molding)

두 장을 합친 시트(sheet)상의 성형품 또는 관상성형품을 형 속에 넣고 공기를 내부에 불어 넣어 중공품(中空品)을 만드는 성형법을 불로우 성형 또는 중공 성형이라고 하며, 폴리에틸렌의 병 등에 응용되고 있다.

병을 제조할 경우에는 압출기로 우선 관상으로 성형한 후 이것을 금형 속에 넣어 공기를 불어넣는다. 따라서, 보통 두 조의 성형부분이 장치되어 있고 관상성형과 불로우 성형을 교대로 하여 생산량을 증가시키고 있으며, 두 조 이상의 경우도 있다. 그림 2-3 (a)에 이 방법의 요점을 표시하였다.

시트상의 plastic을 두 장 합쳐 형에 끼워 가열하고, 이 속에 공기를 불어넣어 팽창시켜 성형하는

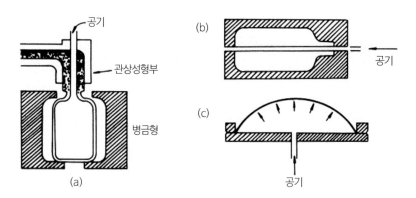

**그림 2-3** 압출 불로우 성형의 공정

방법도 있다. 이 방법으로 셀룰로이드의 중공제품(인형 등)이 제조되고 있다.

압출 불로우 성형이라는 것은 원료수지를 압출기로 가열, 응용, 훈련한 것을 예비 성형금형(다이)으로 시트 또는 관상으로 성형하여 대기중에 압출하고, 이것을 성형금형 내에 도입하여 성형하는 방법이며, 예비성형된 수지의 향상에 호트시트법과 호트패리손법으로 대별된다.

호트시트법이란 압출기 선단에 시트 다이를 붙여 두 장의 시트를 압출하고, 이것을 금형에 끼운 후 시트 사이에 공기를 불어넣어 성형하는 방법이다. 호트패리손법은 불로우 성형법의 가장 일반적인 성형법이며, 보통 불로우 성형이라고 하면 이 성형법을 가리킨다.

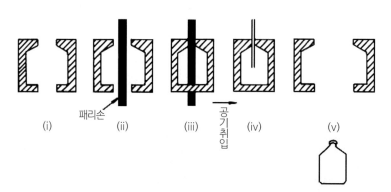

**그림 2-4** 불로우 성형(병의 제조)

성형원리는 전술한 호트시트법과 같으나, 시트 다이 대신 원형 또는 원추형 다이를 붙인 것이며, 관상으로 예비성형된 반용융수지(패리손;parison)를 성형금형 내에 도입한 후 금형을 닫고 패리손 속에 공기를 압입하여 패리손을 부풀게 하여 금형에 밀착시켜 원형대로 성형하는 방법이다. 마치 유리세공에서 용융상태의 유리를 주머니상으로 하여 그 속에 압축공기를 보내 병 등을 제조하는 방법과 비슷하며, 그 성형품도 유리제의 것과 경합하는 것이 많다. 압출 불로우 성형의 공정을 그림 2-4에 표시하였다.

사출 불로우 성형은 그림 2-5에 표시한 바와 같이 밑바닥에 있는 패리손을 사출성형으로 만들고, 이것을 금형 속에 옮겨 불로우 성형을 하는 방법이다. 이 성형용의 수지로는 사출 후의 패리손이 사출금형에서의 이형성과 공기를 불어넣을 때의 성형성이 서로 균형이 잡혀있는 것이어야 하며, 현재에는 거의 폴리스티렌만이 사용되고 있다.

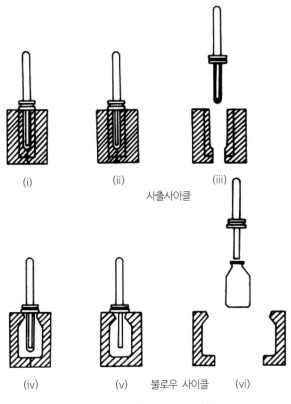

그림 2-5  사출 불로우 성형

## 5) 주형성형(Cast Molding)

주형성형(casting, cast molding)은 유동상태에 있는 수지를 형 또는 면에 흘려 고화시키는 방법이며, 주형수지로서는 열경화성 plastic의 액상의 초기 축합물 예를 들면, 페놀수지, 요소수지, 불포화 폴리에스테르 수지 등을 사용하며, 열가역성의 것으로는 액상 모노머, 폴리폴리머, plastic졸 등이 사용된다.

필름 등의 경우에는 용매에 용해한 폴리머를 사용하며, 이것도 일종의 주형성형이라고 말할 수 있다. 즉, 이와 같은 방법으로 만든 필름을 캐스트 필름(cast film)이라고 한다. 주형시 표본장식품, 전기부품 등을 봉입하여 보호, 보존, 방습 등의 목적을 달성할 수도 있다.

회전원통 중에 흘려보내 원심력으로 파이프상으로 고화시키는 파이프제조법을 원심주형이라고 한다. 액상의 열경화성 plastic에 경화제를 혼합하였을 때 경화가 일어나지 않고 사용 가능한 최대의 시간을 포트라이프(pot life)라고 한다. 그림 2-6은 주형성형의 예를 보여준다.

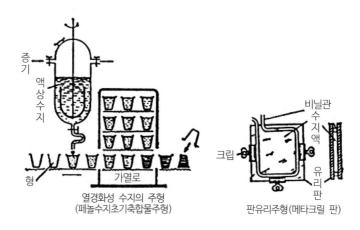

**그림 2-6**  주형성형(예)

## 6) 적층성형(Laminating)

열경화성 plastic 용액을 기재인 베니어판이나 천 또는 종이에 침투시켜 건조한 것을 중첩시키고 가열가압하여 판상으로 성형(화장판 등)하는 방법을 적층성형(laminating)이라고 한다. 페놀수지, 요소수지, 멜라민수지 등의 경우에는 경화시에 휘발성 성분을 생성하기 때문에 고압($100 \sim 200\,kgf/cm^2$)을 필요로 한다. 장치로서는 경면 연마한 금속판 사이에 끼워 프레스기에 넣고 가압하는 방법이 사용된다.

프레스는 보통 다단의 것이 사용되며 가열냉각은 증기와 물의 통로가 있는 플로팅 플레이트(floating plate)로 하고 있다. 이와 같이 고압을 필요로 하는 경우를 고압적층이라고 한다. 폴리에스테르나 에폭시 수지인 경우에는 특별히 프레스를 필요로 하지 않으며 약간 누를 정도의 저압이면 족하다.

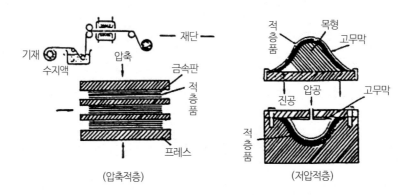

**그림 2-7**  적층성형

이와 같이 수지액을 침투시킨 천이나 유리섬유 등을 여러 장 중첩시켜 목형 또는 석고형에 붙이고 약간의 저압으로 프레스하여 경화제를 가하거나 다소 가열하여 성형하는 방법을 적층성형이라고 한다.

이 방법은 주로 폴리에스테르 수지의 성형에 사용되며 유리섬유로 보강한 폴리에스테르수지판, 보트, 자동차 몸체의 곡면의 것도 제조되고 있다. 적층성형의 개요는 그림 2-7에 표시한 바와 같다.

## 7) 압출성형(Extrusion Molding)

압출성형이란 압출기(extruder)를 사용하여 압출다이(extrusion die)로부터 가열 연화한 열가역성 plastic을 압출시켜 파이프, 막대기, 시트, 필름, 섬유피복, 전선 등과 같은 제품을 연속적으로 제조하는 방법이다.

개요는 그림 2-8에 표시한 바와 같으며, 호퍼(hopper)에 펠레트(pellet)상의 가역성 plastic을 넣고 이것을 가열실린더(cylinder) 중의 스크류(screw)에서 연화한 후 다이로부터 압출하여 냉각수 속을 통과시켜 제품을 감거나 절단한다. screw로 연화수지를 연속적으로 압출할 수 있다는 것이 특징이며, 압출기 출구에 있는 압출 다이의 구멍의 형상에 따라 여러 단면형상의 제품을 만들 수가 있다.

다이의 형상은 그림 2-9에 표시한 바와 같이 제품단면의 형상과는 다를 때가 있다. 필름의 압출성형법에는 다이의 형상에 따라 인플레이션(inflation)법과 T다이법으로 나누며, 이종재료를 붙이는 복합필름의 압출가공을 적층(laminating)이라고 한다.

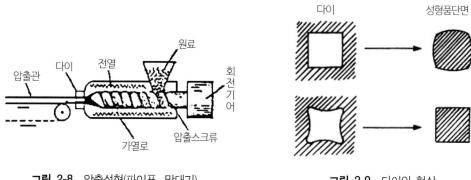

**그림 2-8** 압출성형(파이프, 막대기)   **그림 2-9** 다이의 형상

## 8) 진공 성형(Vacuum Forming)

목재나 금속의 가공과 원리적으로 동일한 각종 기계가공 외의 2차 가공으로서 가열 연화성을 이용하는 진공성형, 원통가공 등이 있다. 여기에서는 그 중에서 진공성형(vacuum forming)에 대하여 설명한다. 그림 2-10에 표시한 바와 같이 진공성형법이라는 것은 1차 가공으로 제조된 plastic 시트(판)를 형상에 고정하여 가열연화시키고 형에 설치한 세공(細孔)으로부터 진공펌프로 공기를 배출시킴으로써 대기압에서 시트를 형에 밀착시켜 성형하는 방법이다.

진공성형법에는 여러 종류가 있으나 그 중 몇 가지에 대하여 다음에 설명한다.

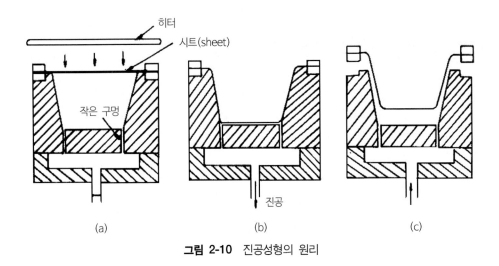

**그림 2-10** 진공성형의 원리

① 직접 성형(Straight Forming)

이것은 가장 간단한 성형법이며, 우선 시트를 고정시키고 그것을 가열기로 가열하여 연화시킨 후 암형에 올려 내면에서 시트를 흡인하여 성형하는 방법이다.

② 드레이프 성형(Drape Forming)

연화한 시트를 웅형(숫형)을 사용하여 기계적으로 예비성형시킨 후 진공으로 형의 외면으로 흡입하여 성형하는 방법이다.

③ 불로우 성형(Blow Forming 또는 Air Slip Forming)

시트를 가압공기로 반구상으로 부풀게 하여 두께를 균일하게 엷게 한 후 진공흡인하여 성형하는 방법이다.

### 9) 스팀 성형(Steam Molding)

첨단 스마트폰, 태블릿PC, 스마트기어 등을 비롯한 ICT(정보통신) 제품과 이를 활용한 다양한 액세서리 제품(무선헤드셋, 무선키보드, VR기기, 휴대용 프린터, 휴대용 소형 빔프로젝터, 셀카봉, 외장형 배터리 등)의 멋진 디자인과 경박단소(輕薄短小, 가볍고 얇고 짧고 작게 만드는 것)를 구현하려면 제품의 틀을 만드는 금형 기술이 뒷받침 해야만 한다. 그동안 기술의 한계라고 느껴졌던 0.1mm 두께의 플라스틱 외형까지 찍어낼 수 있는 금형(金型) 기술과 사출 기술이 개발되어 이젠 ICT 제품 경쟁력의 핵심기술이 되고 있다.

현재 휴대전화 덮개에 사용된 금형 제품들의 기술적 한계는 0.8mm 수준이다. 스마트폰 뒷부분 덮개 두께가 0.8mm이다. 기업들은 이 덮개를 0.6mm까지 얇게 만드는 것을 목표로 하고 있다. 삼성전자의 대박 상품인 보르도 TV와 크리스털 로즈 TV의 성공도 스팀몰드(steam mold)라는 새로운 금형 기술이 적용되었다.

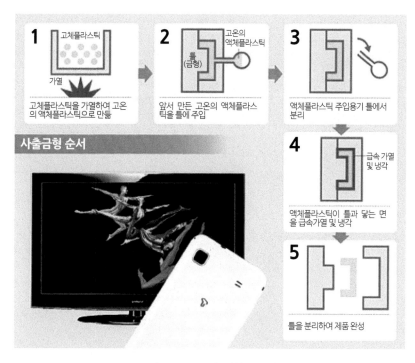

**그림 2-11** 스팀 성형의 순서

스팀몰드(성형) 기술은 고온의 증기를 이용해 금형 장비를 140도까지 데워 액체 플라스틱이 굳지 않은 상태로 잘 분배되도록 한 기술이다. 금형틀 안쪽에 실제 플라스틱과 맞닿는 부분만 순간적으로 데웠다가 식히는 방법으로 좁은 면적만 데우면 가열과 냉각을 빨리할 수 있는 데다 에너지를 적게 소비할 수가 있다. 이렇게 하면 두 종류 이상의 플라스틱을 섞을 때 사용하는 이중 사출(double injection) 기술도 잘 적용할 수 있다. 두 종류의 플라스틱을 쏘아 섞으면 이들이 맞닿는 부분에 홈이 생기는 문제가 있다. 하지만 틀 전체를 데우면 모두 같은 온도의 액체가 돼 두 플라스틱이 맞닿는 부분을 매끄럽게 할 수 있다. 이 기술 개발로 보르도의 고광택 블랙 컬러와 빛에 따라 색깔이 변하는 크리스털 로즈의 프레임 제작이 가능했다.

### 10) 기타 성형법

그림 2-12~그림 2-17과 같이 여러 가지 성형법이 있다.

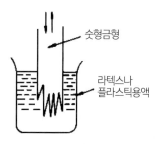

**그림 2-12** 딥 성형법(Dip Molding)

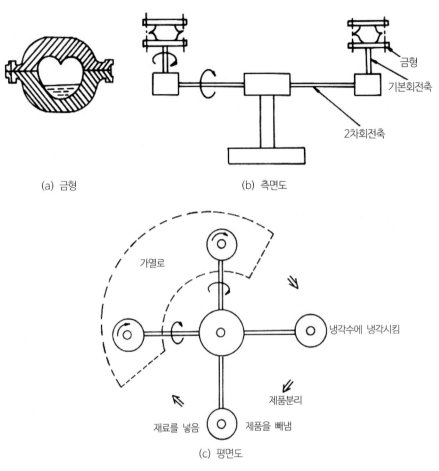

(a) 금형

(b) 측면도

(c) 평면도

**그림 2-13** 회전성형법

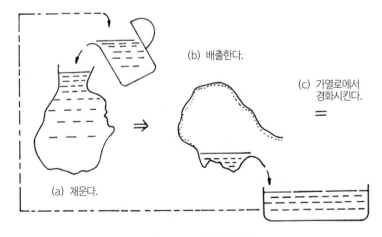

(a) 채운다.

(b) 배출한다.

(c) 가열로에서 경화시킨다.

**그림 2-14** 슬러쉬 성형

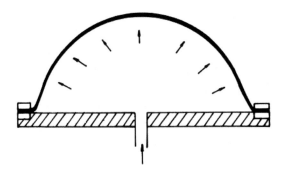

**그림 2-15** 자유 불로우 성형(Free Blow Molding)

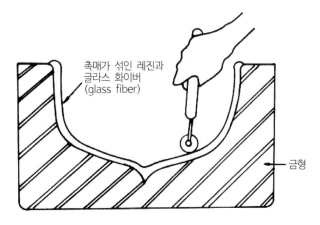

촉매가 섞인 레진과
글라스 화이버
(glass fiber)

금형

**그림 2-16** Hand Lay-Up법(핸드 레이업법)

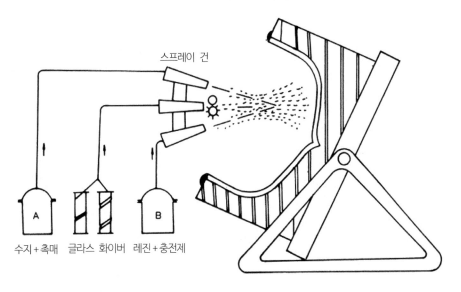

스프레이 건

수지＋촉매  글라스 화이버  레진＋충전제

**그림 2-17** 스프레이 성형법

## 2.2  사출성형법

### 2.2.1  사출성형의 개요

사출성형은 plastic 성형법의 대표적인 것으로 원재료로부터 여러 형상의 성형품을 직접 얻을 수 있는 점에서 매우 합리적이며, 생산성이 높고, 비교적 높은 정밀도의 제품을 얻을 수 있는 특징을 가지고 있다. 그림 2-18은 성형공정의 개요를 표시한다.

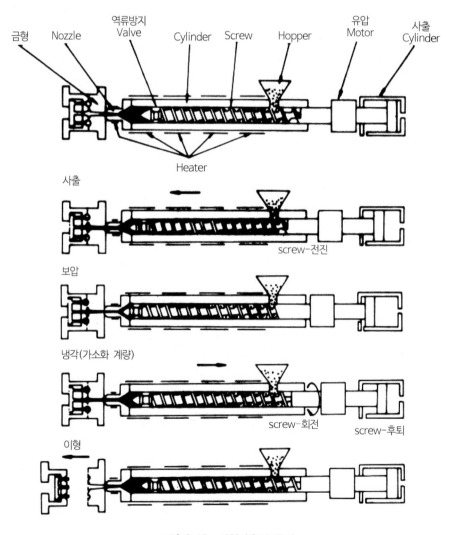

그림 2-18  성형사출의 공정

Hopper에 투입된 plastic 재료는 가열 실린더 내로 이동되며 screw 회전에 의해 금형방향으로 이동된다. 가열 실린더 내에서 plastic 재료는 가열, 혼합, 유동화된다. 이 공정을 가소화라 한다. 다음에 금형의 cavity(공간)에 용융된 plastic을 고압으로 주입한다. 그리고 금형의 냉각수 순환로에 물을 통과시켜 냉각, 고화시키고, 이후 형체(型締) 실린더에 의해 금형이 열리고 ejector 장치에 의해 제품은 돌출된다. 이와 같이 ① 금형의 체결, ② 사출, ③ 보압(保壓), ④ 냉각, ⑤ 금형의 열림, ⑥ 성형품의 돌출 공정으로 사출성형이 완료되며, 이 일련의 공정을 성형 사이클이라 한다(그림 2-19 참조).

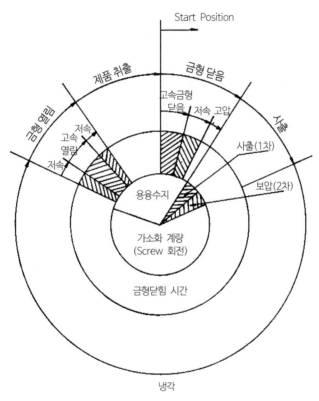

**그림 2-19** 사출성형의 한 사이클

## (2.2.2) 일반 사출성형기의 구조

사출성형기는 형체장치, 사출장치, 구동장치, 전기제어장치의 4가지로 구성되어 있다(그림 2-20).

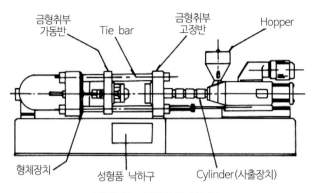

**그림 2-20** 사출성형기의 구조

## 1) 형체장치(Mold Clamping System)

형체장치는 금형의 개폐동작을 시키는 것 외에 고압으로 사출되는 용융 plastic에 의해 금형이 열리지 않도록 사출압력 이상으로 강력하게 체결해주는 역할을 한다. 형체방식에는 다음과 같이 3종류가 있다.

① 유압식(booster ram식이 대표적)

② 기계식(toggle식이 대표적)

③ 복합식(기계/유압식)

유압식은 유압에 의해 직접 금형을 체결하는 방식으로 그림 2-21은 유압식 booster ram(부스터 램)식을 표시한다. 그림 2-22는 기계식의 예로서 toggle(토글)식의 구조를 표시한다. 복합식은 큰 형체력을 얻기 위해 일반적으로 형체 실린더부, 금형을 개폐시키는 형개폐장치부, 기계적 lock부로 구성되어 있다. 그밖에 형체장치에 부속하는 장치로서는 성형품돌출장치, 금형보호장치 등이 있다. 현재 소형기의 형체력은 20ton 정도이고, 대형기에서는 3,000~5,000ton 정도에 이른다.

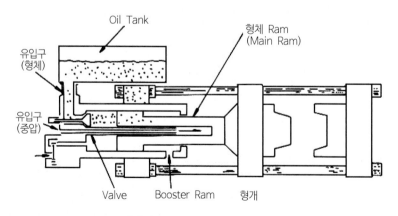

**그림 2-21** Booster Ram(부스터 램)

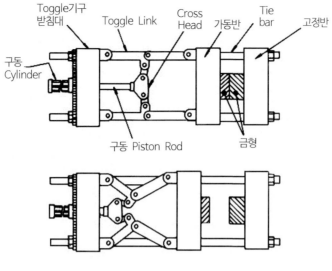

**그림 2-22** Toggle(토글) 형체장치

## 2) 사출장치

사출장치는 사출성형기에서 가장 중요한 장치로 각 사출량을 계량하고 용융계량된 plastic 재료를 확실히 cavity 내로 사출시키는 것이 주된 역할이다.

구조적으로는 다음과 같은 종류가 있다.

① plunger 식

② in line screw 식

③ screw preplasticating 방식

④ plunger preplasticating 방식

이 중에서 in line screw 방식이 가장 일반적이며 그림 2-20에 그 예를 표시한다. in line screw 방식은 hopper에 투입된 재료는 자중으로 가열 실린더 내에 낙하하고 screw 회전에 의해 재료를 screw 나사산에 따라 전방으로 이송된다. 이때 가열 실린더 외주에 히터가 설치되어 있어 재료는 가열과 발열에 의해 용융, 혼합되어 전방으로 축적되고 그 반력으로 screw는 후퇴한다. 그리고 screw 후퇴거리에 따라 계량치가 결정되며 소정위치까지 후퇴되면서 회전이 정지된다.

다음에 계량된 재료를 screw 후부에 있는 유압 실린더에 의해 screw는 plunger식으로 전진해 금형 내로 사출한다. 이 방식은 구조가 단순하고 관성이 작고 응답성이 우수하며 재료의 잔류가 적은 특징이 있다.

재료의 가소화와 사출이 같은 축에서 이루어지므로 in line screw식이라 한다. 그림 2-23은 plunger 식의 성형기의 구조를 표시한다. 사출장치에서 그 밖의 부속장치로는 역류방지 valve(밸브), 가열 cylinder(실린더), nozzle(노즐) 등이 있다.

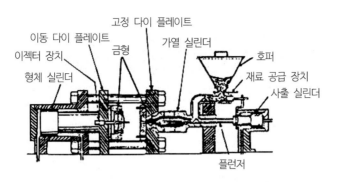

**그림 2-23** Plunger(플런저)식 성형기

### 3) 구동장치

사출장치나 형체장치를 구동시키는 장치로 유압식, 공기압식, 전동식의 3방식이 있다. 대부분이 유압식이나 기름의 누출 등의 결점이 있어 근년에 개발된 servomotor 직결구동의 전동식이 주목되고 있다.

### 4) 전기제어장치

사출성형기의 전기제어장치로는 유압 pump용 motor 회로, 가열 cylinder와 금형을 가열하기 위한 heater 및 온도제어회로, screw 회전, 사출, 금형개폐를 수행하는 제어회로가 있다.

## 2.2.3 특수 사출성형기

### 1) 열경화성 수지용 사출성형기

Phenol, melamine, urea 등의 열경화성 수지는 종래에는 거의 압축성형기 혹은 transfer 성형기로 성형했으나, 수지의 개량과 함께 사출성형기도 개량되면서 현재에는 다수의 열경화성 수지가 사출성형기에 의해 성형되고 있다.

열경화성 수지는 가열, 가압하면 처음에는 유동성을 가지나, 다음의 열에 의해 경화반응을 일으켜 불용융의 경화수지로 되므로, 성형시 유동성을 잃지 않도록 하여야 한다. 따라서, 열경화성 수지의 사출성형은 일반 열가소성 수지의 사출성형에 비해 여러 가지 면에서 특별한 배려가 되어야 한다.

열경화성 수지의 사출성형이 증가되는 이유는 압축성형에 비해 성형 cycle이 대폭 단축되고 끝마무리 공정이 거의 필요없기 때문이다. 그러나 압축성형에 비해 제품물성이 떨어지고 두꺼운 벽두께의 성형은 사출성형으로는 어려운 점이 있어 열경화성 수지의 성형이 전면적 사출성형으로 교체된 것은 아니다.

## 2) 발포수지 사출성형기

일반적으로 styrofoam(스티로폼)이라 부르는 발포체의 경우, 발포율은 30배에서 50배에 이르며, 따라서 비중도 매우 낮으나, 여기서 말하는 저발포체라 하는 것은 발포(發泡) 배율이 1.2~1.3배의 작은 것으로 많아야 3배 정도의 배율이다. 합성목재라 칭하는 성형품도 이 분야에 속하고, 목재와 유사한 표면을 갖는 성형품도 가능한 것이 특징이다.

저발포 사출성형에도 발포배율이 1.2~1.3배 정도의 작은 경우는 형체력이 어느 정도 높을 필요가 있기 때문에 통상의 사출성형기가 사용되나, 발포율이 2~3배의 경우에는 형체력은 클 필요가 없고 일반성형시의 1/10 정도면 되므로 형체기구는 간략화될 수 있다.

발포성형의 경우 용융수지는 금형 cavity 내에서 발포되므로 일반적으로 고화(固化)까지 긴 시간이 필요하다. 따라서 rotary식 성형기를 사용하여 1개의 cylinder에 대해 직각 배치된 좌우 slide table 위에 2조(組)의 금형을 배치하여 상호 사출하는 식이 사용되고 있다. 발포성형의 발포제로서 질소가스, 프로판, 화학분해 발포제가 사용되기도 하고, 용융수지에 불활성 gas를 불어넣는 방법(PC 발포 사출성형품 제조에 사용)이 있으며, 사출 후 cavity의 용적을 증대시켜 발포시키는 방법도 있다.

## 3) 2색 사출성형기

전화기의 dial, 전자계산기의 key 등에 문자나 기호를 몸체와 다른 색으로 사출성형시키는 것으로 2개의 사출 cylinder를 가진 2색 사출성형기가 사용되고 2종의 금형이 필요하다. 성형의 공정은 1공정에서 문자나 기호로 되는 부분을 성형하고, 2공정에서는 금형이 반회전하여 key 몸체 부분이 성형된다. 금형의 회전기구는 금형에 설치하는 경우와 사출성형기의 형체기구에 설치하는 경우가 있다.

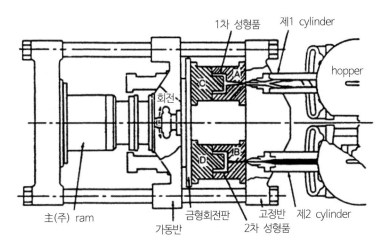

**그림 2-24** 금형이 회전하는 방식의 2색 사출성형기

2색 사출성형기에서 2색의 구분이 판연히 되지 않고 혼합시키는 성형법도 있다(혼색성형이라 한다).

이것은 위 방법과 같이 2종의 금형을 사용하지 않고 동일 cavity 내에 2색의 재료를 동시에 사출하는 것으로 대리석 모양, 나무무늬(wood grain) 등의 모양을 낼 수 있어 화장품용기, 장식용 전화기의 housing(하우징) 성형에 많이 사용된다.

그림 2-25는 혼색성형기 nozzle부의 구조를 표시한 것이다.

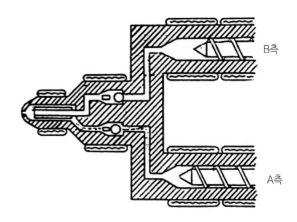

**그림 2-25** 혼색사출성형기의 nozzle부

그림 2-26은 2개의 사출 실린더와 cavity 내에서 전진 후퇴가 가능한 코어를 갖춘 금형을 사용하여 2색 또는 2재료 성형사출법으로 코어가 전진된 상태에서 1차 성형되고 코어를 후퇴시켜 여기에 생긴 공간에 2차 재료를 사출하는 방법으로 투명창을 가진 제품에 많이 사용된다. 본 기술을 응용하면 3색, 4색의 성형품도 가능하다.

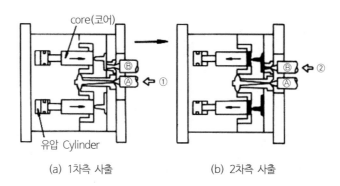

(a) 1차측 사출          (b) 2차측 사출

**그림 2-26** 코어 백 방식 이재료[異材料(2색)] 사출성형금형

### 2.2.4 사출성형기의 사양

사출성형기의 능력은 한 번의 최대사출량으로 표시되기도 하나 최근에는 형체력(mold clamping force)으로 평가되는 것이 일반적이다. 형체력이 사출성형기의 사양을 결정하는 대표적인 사항으로 되고 있다.

### 1) 사출 용량

사출 용량은 한 번의 최대사출량으로 screw 외경과 그의 최대 스트로크(stroke)로서 결정된다. 그 산출방법으로는 이론사출용량과 최대사출용량의 두 가지 방법이 있다.

$$\text{이론사출용량 } V \text{ (cm}^3\text{)} \quad : \quad V = (\pi D^2 / 4) \cdot S \quad \cdots\cdots\cdots\cdots\cdots\cdots\cdots ①$$

    $D$ : screw 외경(cm)

    $S$ : 최대 스트로크(cm)

$$\text{최대사출용량 } W \text{ (g)} \quad : \quad W = V \cdot \rho \cdot \eta \quad \cdots\cdots\cdots\cdots\cdots\cdots\cdots\cdots ②$$

    $V$ : 이론사출용량(cm$^3$)

    $\rho$ : 용융수지밀도(g/cm$^3$)

    $\eta$ : 사출효율

식 ①은 밀도, 사출효율이 고려되지 않아 현실적이 못 되며, 실제는 식 ②가 사용된다. 용융수지의 밀도는 그 비중, 온도, screw 배압력 등에 영향이 있다. 또한 사출효율은 screw 선단의 역류방지 밸브에서의 누출, 유동압력(금형 내에 주입되는 압력) 등에 영향이 있다. 1회 사출용량은 성형용량에 sprue(스프루) 용량과 runner(런너) 용량이 더하여져야 한다.

### 2) 사출률

사출률은 노즐에서 사출되는 단위시간당 수지의 양으로 사출률 $Q$(cm$^3$/s)는 다음 식으로 표시된다.

$$Q = (\pi D^2 / 4) \cdot v \quad \cdots\cdots\cdots\cdots\cdots\cdots\cdots\cdots\cdots\cdots ③$$

    $D$ : screw 직경(cm)

    $v$ : 사출속도(screw, 전진속도) (cm/s)

### 3) 사출압력(수지압력)

사출압력은 사출시 screw 선단에 수지에 의해 걸리는 압력으로 사출압력 $P$(kgf/cm$^2$)는

$$P = P' (d / D)^2 \quad \cdots\cdots\cdots\cdots\cdots\cdots\cdots\cdots\cdots ④$$

    $P$ : 사출압력(kgf/cm$^2$)

    $P'$ : 금형내의 평균수지압력(kgf/cm$^2$)

    $d$ : 사출 실린더직경(cm)

    $D$ : screw 직경(cm)

일반적으로 사출압력은 2,000 kgf/cm$^2$ 정도가 표준이며 3,000 kgf/cm$^2$을 넘는 것도 있다.

### 4) 형체력

형체력은 금형 내에 수지를 사출할 때 금형을 체결하기 위한 힘이다.

형체력 $F$(ton)는,

$$F \geqq P' \cdot A \cdot 10^{-3} \quad \cdots\cdots\cdots\cdots\cdots\cdots\cdots\cdots\cdots\cdots\cdots\cdots\cdots\cdots\cdots\cdots\cdots \text{⑤}$$

$\quad P'$ : 금형 내의 평균수지압력(kgf/cm$^2$)

$\quad A$ : 성형품의 투영면적(cm$^2$)

금형 내의 평균수지압력은 400 kgf/cm$^2$가 일반적이며, 흐름성이 좋은 것은 350 kgf/cm$^2$, 정밀성을 필요로 하는 것은 400 kgf/cm$^2$를 목표로 함이 좋다.

### 5) 가소화 능력

단위시간당 수지의 가소화되는 최대치 즉, screw를 최고회전수로 연속운전할 때의 수지를 용융시키는 능력이다.

### 6) 금형의 부착

그림 2-27에 표시한 것과 같이 die plate 간격, tie bar 간격, 형체 스트로크, 최소 금형두께에 대해서도 유의해야 한다.

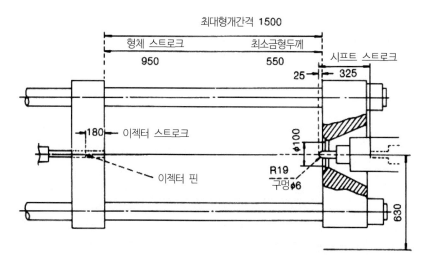

**그림 2-27**  형체 스트로크와 다이 플레이트 예

이상 대표적인 것에 대해 설명했으나, 그밖에 가열 실린더의 가열용량, 노즐 접촉력, 형개력(型開力), ejector 돌출력 등을 고려해야 한다. 표 2-1은 사출성형기의 능력표시의 예를 나타낸다.

표 2-1  사출성형기의 능력표시 예

| 항 목 | | 단위 | 사 양 | | |
|---|---|---|---|---|---|
| 사출장치 | 스크류 직경 | mm | 35 | 40 | 45 |
| | 사출압력 | kgf/cm$^2$ | 2,270 | 1,740 | 1,370 |
| | 이론사출용량 | cm$^3$ | 125 | 163 | 207 |
| | 사출량 | g | 131 | 171 | 217 |
| | 사출률 | cm$^3$/sec | 103 | 135 | 172 |
| | 가소화 능력 | kgf/hr | 70 | 70 | 88 |
| | 사출시간 | sec | 1.21 | | |
| | 스크류 회전수 | rpm | 高 토크 0~205, 低 토크 0~310 | | |
| | 스크류 구동방식 | | 유압 모터 | | |
| 형체장치 | 형체방식 | | 더블 토글 | | |
| | 형체력 | ton | 100 | | |
| | Daylight$^※$ | mm | 650 | | |
| | 가동반 스트로크 | mm | 300 | | |
| 전기장치 | 펌프 모터 | kW | 18.5 | | |
| | 히터 | kW | 9.44 | | |
| 일반 및 기타 | 금형두께 | mm | 200~350 | | |
| | Tie Bar 간격(H×V) | mm | 380×330 | | |
| | 형반치수(Platen Size) H×V | mm | 570×520 | | |
| | 이젝터 방식 | | 유압식 | | |
| | 호퍼 용량 | ℓ | 50 | | |
| | 작동유 탱크 용량 | ℓ | 280 | | |
| | 냉각수 사용량 | m$^3$/hr | 0.7 | | |
| | 기계치수(L×W×H) | m | 5.17×1.13×1.88 | | |
| | 기계중량 | ton | 4.4 | | |

※ Daylight : 고정반과 가동반이 최대로 열렸을 때의 간격

## 2.2.5 비결정성 수지 및 결정성 수지의 성형

### 1) 비결정성 수지의 성형

#### (1) 용융 및 냉각

비결정성 열가소성 수지는 "과냉" 액체, 즉 초고점도를 가진 액체로 생각할 수 있다. 온도가 높아질수록 점도는 낮아져 cavity에 흘러들어 가도록 밀어낼 수가 있다. cavity 내에서 수지온도가 낮아지게 되면 다시 점도가 커져 고화된다. 온도가 낮으면 낮을수록 단단해지게 된다. 제품이 충분히 고화

되면 금형이 열려지고 제품은 변형되지 않고 ejector pin에 의해 성형품이 관통되지 않고 ejecting된다. 재료의 점도는 온도에 따라 심하게 달라지므로 때로는 용융온도로 긴 유로를 가진 cavity에 충전될 수 있는 정도까지 높인다.

결정성 수지와 달리 냉각시간이 사이클 시간을 결정하는 요인이 된다. 그러므로 성형품에 대한 냉각시간을 단축시키기 위해 냉각수를 사용하는 것이 일반적이다. 여름철에 상습온도가 높아서 사이클이 제대로 이루어지지 않을 경우 노점 이하까지 냉각시킬 수도 있다. 습기는 금형표면에 응축되어 표면결함을 발생시킬 수도 있다. 최대의 생산성 또는 냉각시간의 최소화를 위해 같은 ejecting함을 유지하면서 ejecting 압력을 최소화하기 위해 직경이 굵은 ejector 핀을 사용할 수도 있다. Ejector 핀의 관통의 기회는 냉각시간을 짧게 해도 최소화한다.

### (2) 유동 및 충전(充塡)

앞에서 설명한 바와 같이 용융온도는 유동성을 개선하기 위해 높일 수가 있다. 그러나 용융온도가 높으면 성형수축이 커진다는 것에 유의하여야 한다. 그러므로 수축자국이 생기지 않게 하면서 cavity를 충전하려면 충분한 사출압력이 요구된다. 대개의 경우 $400\,kgf/cm^2$의 실제 사출압력이 사용된다. 고점도 수지 또는 열감도가 높은 수지(점도를 낮추기 위해 용융온도를 높이기에 부적합) 또는 유로가 긴 제품은 $700\,kgf/cm^2$ 또는 그 이상의 사출압력이 필요하다. 재료의 최대유동거리는 제품의 두께에 따라 달라진다는 것에 유의해야 한다. 일반재료의 최대유동거리/제품두께의 비는 표 2-2와 같다.

**표 2-2** 최대유동거리/제품두께의 비

| 재 료 | 최대유동거리 / 제품두께 |
|---|---|
| ABS | 175 : 1 |
| PMMA | 130~150 : 1 |
| PC | 100 : 1 |
| PS | 200~250 : 1 |
| 강화 PVC | 100 : 1 |

최근에 사출성형기는 조건설정을 위해 몇 단의 사출압력을 가지고 있다. 이러한 사출기는 금형에 충전하기 위해 제1단의 사출압력을 높게 setting하고 과잉충전 및 플래시 발생을 피하기 위해 "보압"으로 제2단계의 사출압력을 가할 수가 있다. 어떤 기계에서는 사출 스트로크 중간점에서 여러 가지 사출속도를 선택할 수 있도록 개발되어 있는 것도 있다. 이와 같은 방법으로 gate 자국과 같은 유동에 의해 발생되는 표면결함을 제거하는데 도움이 된다.

### (3) 기타

① 비결정성 재료의 냉각시간은 결정성 재료에 비해 비교적 길다. 사이클을 길게 하지 않고 기계적인 열에너지를 가하기 위해 높은 배압을 사용하는 일이 많다(배압을 증가시키면 screw 후퇴

시간(SRT)이 길어진다. 이것은 냉각에 소요되는 시간이 screw 후퇴시간보다 길면 전체 사이클 시간에 영향을 주지 않는다).

② screw의 압축비

용융온도가 너무 높지 않다면 용융점도가 높아지지 않는다. 그러므로 고압축비를 가진 screw 를 필요로 하지 않는다. 실제로는 고압축비를 가진 screw를 사용하면 고점도 수지는 과열되거 나 타버린다.

③ 건조

흡수성 수지에서 성형을 하기 전의 건조는 필수적이다. 높은 건조효율 및 저렴한 운용비가 절 대적으로 요구되지는 않더라도 항상 제습 호퍼건조기를 사용하는 것이 바람직하다.

표 2-3은 범용수지에 대한 대표적인 건조조건이다.

**표 2-3** 범용수지에 대한 대표적인 건조조건

| 재 료 | 초기 습기함유량(%) | 건조시간(hr) | 건조온도(℃) |
|---|---|---|---|
| ABS | 0.6 | 2~3 | 80 |
| PC | 0.4 | 2~3 | 120 |
| 셀룰로스 아세테이트 | 1.3 | 2~3 | 75 |
| PMMA | 0.7 | 2~4 | 80 |
| AS(또는 SAN) | 0.3 | 2~3 | 80 |

## 2) 결정성 수지의 성형

결정성 plastic 중 나일론은 1938년 미국 듀폰사에서 개발되었으며 최근에는 폴리에틸렌, 폴리프로 필렌, 폴리아세탈, 폴리스티렌, 텔레프타레이트 등의 수지와 함께 높은 강도, 내피로성, 내열성, 내마 모성이 우수한 수지가 개발되어 자동차 부품, 전기전자부품에 널리 사용되고 있다.

이러한 plastic 수지들은 종전에 금속으로 사용되어 오던 까다로운 용도에 더욱 많이 사용되고 있 으며, 비결정성 수지에 비하여 독특한 특성을 갖고 있다. 비결정성 plastic은 온도가 상승되면 연화 (軟化)하여 성형이 가능하나, 결정성 plastic은 결정융점에서 비결정으로 변화하고 더욱 가열하여 연 화한 뒤 성형하기 때문에 성형온도까지 많은 열량이 필요하고 고화할 때까지 많은 열을 방출한다.

### (1) 사출시간(Injection Time)

반결정 특성으로 인하여 용융된 단계에서의 밀도는 고화단계에서의 밀도보다 훨씬 낮기(15%까지) 때문에 금형수축률이 높게 된다. 수축량의 감소를 위하여 성형품이 냉각되고 있는 시간동안에 수축 으로 생긴 공간을 채워주기 위하여 screw는(새로운 수지를 충전해주기 위하여) 전진된 상태로 있어 야 한다(그림 2-28 참조).

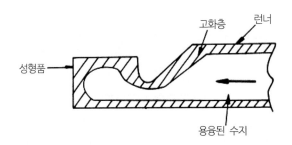

**그림 2-28**　수축으로 인해 체적이 감소된 만큼 보압으로 충전

Screw 전진시간은 다음과 같이 정의한다.

$$screw \ 전진시간 = 충전시간 + 보압시간$$

Screw 전진시간은 성형품의 내부까지 완전히 고화되어 새로운 수지가 보충되지 않을 때까지 충분히 길게 정해져야 한다. 정해진 금형에서 screw 전진시간을 정확히 구하는 방법은 screw 전진시간을 증가시켜 가며 성형품의 무게를 조사하여 성형품의 무게가 증가해 가다가 일정하게 되기 시작하는 시점의 시간이 최적의 물성과 치수관리를 위한 적정한 screw 전진시간이다.

여기에서 중요한 사항은 gate(게이트)의 위치와 크기이다. gate의 크기가 작아서 성형품이 완전히 고화하기 전에 gate 부분이 먼저 고화된다면 성형품은 수축 현상 또는 내부에 기포가 생기게 된다.

적정한 gate를 설계하기 위한 기본원칙은 다음과 같다.

① gate는 가능한 한 성형품의 가장 두꺼운 부분에 위치해야 한다.
② gate의 두께는 gate가 있는 부분의 성형품 두께의 약 1/2이 되어야 한다.
③ 런너의 크기는 성형품의 가장 두꺼운 부분보다 약간 두꺼워야 한다.

결정성 수지는 냉각속도에 따라 결정부분 전체에 미치는 비율, 즉 결정화율이 변화한다. 냉각속도를 빠르게 하면 결정화율이 작아지고 서냉하면 결정화율이 커진다. 결정화율이 작으면 비중은 작아지고(수축률이 작아지고) 투명성은 증가한다.

결정화율이 크면 비중이 커지고(수축률이 커지고) 반투명 또는 불투명이 된다. 냉각속도는 성형품의 두께에 따라 다르며 냉각속도는 결정화율을 변화시키게 된다.

### (2) 냉각시간(Cooling Time)

(1)에서 설명한 것과 같이 screw 전진시간의 결정은 결정성 수지의 성형에 매우 중요하다고 할 수 있다. 반결정성 수지는 연화점이 낮기 때문에 온도가 용융점 이하로 되면(screw 전진시간이 완료되면) 곧 고화되어 ejecting할 수 있다.

결정성 수지에서 냉각시간의 설정은 성형품을 고화시키기 위하여 필요한 시간을 말하는 것이 아니다. 냉각시간은 screw가 회전하여 용융된 수지를 노즐 쪽으로 모이게 하는 후퇴시간에 좌우된다. 냉각시간의 결정은 다음과 같이 정한다.

$$냉각시간 = screw\ 후퇴시간 + 1초$$

그러나 일회용 라이터의 몸체와 같이 깊은 성형품의 경우에서는 금형의 냉각방법이 효과적인 것이 아니면 일정한 금형온도의 유지를 위하여 조금 긴 냉각시간이 요구될 수도 있다.

### (3) 실린더 온도

결정성 plastic을 성형하기 위하여 수지온도는 매우 중요한 변수이며 실린더 온도를 설정하는 것은 용융수지온도를 얻기 위한 것이다. 결정성 수지는 융점에서 비결정으로 변하고 추가적인 열에너지를 흡수하여 연화되므로 사출량이 사출용량에 비하여 40% 정도 이상일 경우에는 하향 실린더온도(실린더의 호퍼 쪽 온도가 노즐 쪽 온도보다 높은 경우)를 채택하는 것이 좋다.

최근의 plastic 수지의 메이커(maker)에서는 수지의 용도별로 물성을 조절하기 위해 각종 첨가제를 투입하므로 수지별 최적 실린더 온도는 수지 메이커에서 시험된 자료를 활용하는 것이 바람직하다.

### (4) 사출압력

엔지니어링 plastic의 성형에 필요한 사출압력은 수지의 점도 및 첨가제에 따라 차이는 있으나 일반적으로 $350\,kgf/cm^2$에서 $1,400\,kgf/cm^2$ 범위 내에서 사용된다. 사출압력은 다음과 같은 문제점이 생기지 않도록 충분히 높아야 한다.
① 거칠은 표면
② 미성형
③ 취약한 weld line(웰드 라인)

반결정성의 plastic은 미성형과 같은 성형상의 문제점을 해결하기 위해 수지의 온도만을 상승시켜서는 해결되지 않는다. 수지온도의 상승은 점도의 상승에 큰 영향을 주지 못하며 오히려 열분해를 일으키기 쉬우므로 사출압력을 증가시킴으로써 개선될 수 있다.

약한 weld line은 금형에 air vent(공기빼기)를 설치하는 것이 좋다. 너무 높은 사출압력은 플래시의 원인이 될 수 있으며, 가늘고 긴 core는 변형될 우려가 있다.

반결정성 수지의 경우 수축량이 크기 때문에 과잉충전(over packing)에 ejecting 불량문제는 거의 없다. 여러 cavity가 있는 성형품 중 1~2개 cavity에서 플래시가 발생하고 동시에 다른 cavity에서는 미성형이 되는 경우가 종종 있다. 이 경우는 사출압력만을 조정하여 개선되지 않으며 모든 cavity에 거의 동시에 충전되도록 런너 시스템의 수정 또는 gate 밸런스를 고려하여 개선하여야 한다.

### (5) 충전속도(사출속도)

사출압력과 사출속도는 서로 관련이 있으나 최근의 사출성형기에 있어서는 독립적으로 컨트롤된다. 사출압력은 실린더에 작용유압을 조절하는 밸브에 의해 조절된다. 사출속도는 screw가 얼마나 빨리 앞으로 움직이는가에 달려 있다. 그리고 그것은 사출기 유압 실린더로의 기름의 흐름속도를 조절하는 밸브에 의해 조절된다. 반결정성 수지는 빨리 고화되기 때문에 고화되기 전에 충분한 충전을 위해 중간에서 빠른 듯한 사출속도가 요구된다.

수지가 고화되기 전에 cavity가 채워지도록 충분히 빠르게 충전한다면 더 양호하고 더 균일한 표면광택을 얻을 수 있다. 이것은 유리섬유 강화수지를 성형할 때 서리가 낀 듯한 표면(유리섬유가 나타난 표면)을 피하기 위하여 특히 중요하다. 그러나 제팅(jetting) 또는 gate 결함과 같은 부분적인 표면의 불량들은 충전속도를 낮춤으로써 종종 감소시킬 수 있다. 빠른 충전속도를 얻고, 약한 weld line과 타버릴 문제를 피하기 위해서는 충분한 공기빼기(air vent)를 금형에 추가하여야 한다.

### (6) Screw 후퇴속도(Screw Refill Speed)

약간 느린 또는 중간 정도의 screw 후퇴속도에서 균일한 색상과 양호한 용융상태의 수지를 얻을 수 있다. screw 후퇴시간은 대부분의 냉각시간을 차지하도록 screw 후퇴속도를 변화시켜 조정되어야만 한다. 따라서, 빠른 사이클의 성형작업을 위해서는 screw 후퇴속도를 빠르게 하여야 하며, 이때 성형품의 품질에 세심한 주의를 기울여야 한다.

### (7) 배압(Back Pressure)

높은 배압은 screw로 하여금 원료의 혼합작용 및 기계적인 열에너지를 증가시킨다. 그러나 그것은 screw를 통과하는 수지의 토출량을 감소시키고 유리섬유의 길이를 짧게 하여 유리섬유 강화수지의 물성을 변화시킨다.

일반적으로 배압은 더 많은 열에너지를 가하거나 혼합을 필요로 할 때만 사용된다(마스터 뱃치나 안료가 사용될 때, 미용융 수지들을 피하고 착색의 균일성을 개선하는 것과 같은 경우).

### (8) 건조(Drying)

나일론, 아세탈, 폴리에스테르(polyester) 수지와 같은 엔지니어링 plastic들 중에서, 나일론과 폴리에스테르는 응축 중합에 의해 만들어진다. 즉, 중합이 진행되는 동안에 물이 방출되고 제거된다. 사출성형기의 실린더 속에 젖은 수지를 넣고 약 300℃까지 가열시키면, 역반응(분해 또는 폴리머의 절단)이 발생하게 될 것을 쉽게 짐작할 수 있다. 그러므로 건조는 성형품의 품질을 보증하기 위해 매우 중요하다. 폴리에스테르 수지는 나일론보다 더 습기에 민감하다. 예를 들면, PET의 경우 성형 전에 권장된 최고의 수분율은 0.02%이고 나일론 66은 0.3%이다. 그림 2-29는 성형품의 물성에 대하여 성형전의 습도의 영향을 나타낸다.

그러나 "수소결합"의 형성때문에 일단 나일론이 습기를 흡수하면 건조가 어렵다. 제습식 건조기와 재래의 호퍼 건조기 사이의 중요한 차이는 제습식 건조기는 공기를 가열시키고 원료를 통하여 그것을 순환시키기 전에 건조제층을 통과시켜 공기를 건조시킨다.

Closed loop system의 후냉각기는 간단하지만 매우 중요함에도 불구하고 종종 무시되는 경우가 있다. 그 기능은 호퍼로부터 순환된 공기가 필터를 통하여 건조층을 통과하기 전에 냉각시키는 것이다. 그것은 건조층을 손상시킬지도 모르는 휘발성 물질을 제거하는 것을 돕고, 건조제의 효율을 최대화한다.

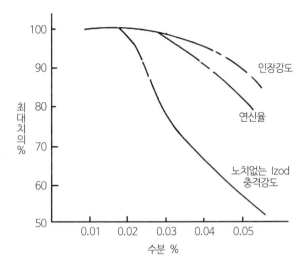

**그림 2-29** PET 폴리에스테르 물성에 대한 수분의 영향

## 2.3 플라스틱 성형제품의 불량원인과 대책

우수한 성형제품은 금형, 사출성형기계, 원료수지가 모두 우수해야 한다. 보통 금형은 성형제품설계에 따라서 금형설계와 가공, 제작이 이루어진다. 원료수지는 성형제품의 설계과정에서 결정이 되는 등 서로 매우 밀접한 관계를 이루고 있다.

이와 같은 과정에서 성형제품의 불량은 아래와 같이 여러 요인으로 나타나는데,

① 성형제품설계 불량

② 금형설계 불량

③ 금형가공 제작 불량

④ 성형기계 불량

⑤ 성형기계 운전조건 불량

⑥ 원료수지 선택 불량

⑦ 원료수지 처리, 첨가제 등의 불량 등

크게 7가지로 나눌 수 있다.

우수한 plastic 제품의 성형을 위해서는

① 금형설계, 가공 제작공정

② 제품성형조건

③ 성형 plastic 원료 등

3조건이 서로 유기적으로 잘 조화되어야 좋은 성형품이 생산된다.

그러나 실제로는 plastic 성형제품의 불량이 나올 때는 그 원인규명은 간단하지가 않음을 명심해야 한다. 즉, 금형설계도면, 금형가공의 정밀도, 거칠기, 성형기계 이상유무, 온도, 원료수지종류, 성분, 처리상태 등 체크해볼 항목이 수없이 많다. 여기서는 각종 plastic 제품의 불량원인과 대책을 자세히 종류별로 설명하고, 또 주요항목은 알기 쉽게 그림 및 표로 만들었다.

### (2.3.1) 성형품의 치수변화

일반적으로 치수문제는 성형수축의 추정 잘못과 성형 후 발생되는 변형에서 오는 것이다.

#### 1) 변형의 방지 또는 수정방법

변형문제는 대부분의 성형품에 공통적인 논의대상으로 제기되는 문제로서 아주 중요한 사항이다. 경우에 따라 제품의 변형을 계산하는 문제에까지도 관계된다. 변형은 제품의 두 부위 사이에서 서로 줄을 당기는 영향에 의해 불균일한 수축 때문에 생기는 것이다. 변형의 정도를 예측하는 것은 요인이 너무 많아 거의 불가능하다. 그러나 한 가지 예측할 수 있는 것은 잘못된 설계나 적절하지 못한 성형기술에서 발생된다는 것이다.

이 문제는 내부응력에 의해 발생되는 변형에 국한된다는 것을 명심해야 할 것이다. 확실히 성형품은 불균일한 이젝션, 제대로 빠져 나오지 않는 언더 컷, 상자 내의 다른 성형품 위에 성형한 제품을 떨어뜨려 형상이 변하여 구부러질 수도 있다. 언제든지 그러한 외부적인 변형요인은 제거해야 한다. 성형 후 변형에 의해 문제가 발생되는 것으로 무조건 추정해서는 안 된다.

#### (1) 각종 수축의 주원인

변형을 방지하려면 각종 수축을 일으킬 수 있는 요인을 이해해야 한다. 여기에는 금형온도, 냉각온도, 용융온도, 흐름의 방향성, 두께의 차이, cavity 내의 압력, 공기빼기의 부족 등이 있다. 이들 요인 중 하나 또는 이들이 복합으로 작용하여 수축 불균형을 일으킬 수가 있다.

한 가지 명심해야 할 것은 변형을 일으킬 수 있는 요인은 또한 문제점을 수정하는 수단도 될 수 있다는 것이다.

#### (2) 제1요인-냉각온도

성형품에서 금형으로의 불균일한 열전달이 변형의 중요원인이 된다. 다음에 설명하는 몇 가지의 열전달이 불균일해지는 이유를 알아보자.

① 성형온도

성형온도가 높을수록 성형품의 수축은 커진다. 그 이유는 냉각이 느리면 응력회복이 커지고 성형품의 밀도가 높아진다. 성형품의 한쪽 면이 다른 쪽 면보다 뜨거우면 성형품은 천천히 냉각되므로 뜨거운 쪽에서 더 많이 수축될 것이다. 불균일한 수축으로 뜨거운 면 위에서 성형품을 당겨 오목해질 것이다(그림 2-30 참조).

그러나 모든 일반적인 원칙과 같은 변형은 예상한 것과 다르게 나타나는 예외가 있다. 이것은 통상 설계 잘못 또는 이젝션 기술, 기타 요인을 조화시키지 못한 결과이다.

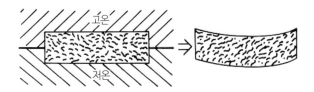

**그림 2-30** 냉각속도의 차에 의한 변형

② 열전달용량

열유동로의 특성에 의해 전달할 수 있는 열량을 제한할 수도 있다. 예를 들면, 긴 코어핀의 끝에서 몰드 베이스로는 열을 전달할 기회는 거의 없다(그림 2-31). 냉각을 위해 코어를 넣지 않으면 핀 직경의 5배만큼 cavity 내에 돌출된 핀은 금형의 다른 부분보다 30~60℃만큼 더 뜨거워지기 쉽다. 이것 때문에 변형이 생기거나 달라붙음 또는 이젝션 문제를 일으킬 수도 있다.

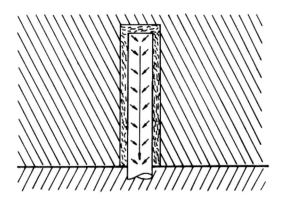

**그림 2-31** 긴 코어핀에서의 열전달

또 다른 열유동 장애문제는 그림 2-32에 설명된 것과 같이 성형된 rib에서 발생된다. 벽과 rib가 연결되는 곳에서 천천히 냉각되면 제품의 반대쪽보다 rib부분 주위에서 더 큰 수축이 발생된다. 따라서, 휨은 그림에 나타낸 것과 같이 발생된다.

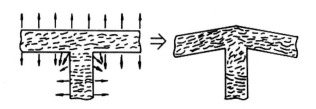

**그림 2-32** 리브(rib)에서의 열유동에 의한 휨발생

③ 금형재료

변형은 금형의 각부에 각기 다른 열전도를 가지는 재료가 사용된 금형에서 나타난다. 그 결과는 앞서의 성형온도에서 설명한 것과 아주 흡사하다. 복잡한 cavity 제품에 흔히 사용되는 베릴륨동(Be-Cu)은 공구강에 비해 훨씬 빠른 열전달 속도를 가진다. 따라서, 금형의 분화된 두 부분의 표면온도가 정확히 같아도 변형이 발생될 수 있다.

### (3) 제2요인-단면의 두께

금형설계자는 성형수축은 두께에 비례한다는 것을 경험으로 알고 있다. 금형설계자는 불행하게도 이러한 기본적인 사실을 제품설계에서 흔히 무시한다. 단면의 두께가 변화되도록 설계한 제품은 그 부분이 독립적으로 수축되지 않는 한 명백히 변형이나 성형응력이 잔류하게 된다. 이것이 변형의 주요인이며 제품을 다시 설계하지 않는 한 해결방법이 없다.

### (4) 제3의 요인-흐름의 방향

Cavity 충전 과정에서 반쯤 고화된 수지의 외측윤곽을 통하여 수지가 유동되어 점성전단을 일으키고 gate로부터 방출이 막혀 응력을 일으킨다(그림 2-33 참조).

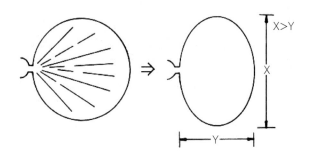

**그림 2-33** 수지의 흐름방향에 의한 변형

이 국부적인 응력이 성형수축의 분포에 영향을 미친다. 위 그림에 나타나는 바와 같이 성형품은 유동방향에 대해 직각방향보다는 유동방향으로 더 많이 수축된다. 이 영향으로 원주에 gate를 가진 기어에 흔들림이 커지고 환봉과 같이 센터 gate 제품에 변형을 일으킨다(그림 2-34 참조).

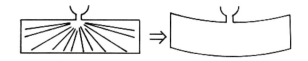

**그림 2-34** 센터 게이트(center gate) 제품의 변형

### (5) 제4요인-압력분포

길이가 길고 두께가 얇은 cavity의 압력강하는 gate 부근의 높은 압력을 발생시켜 그 부분의 수축을 줄인다. 스프루 gate를 가진 디스크는 감자칩 모양의 변형을 일으킨다. 그 이유는 바깥 쪽의 수축(낮은 압력 부분)은 좌굴(座屈, buckling)을 일으키는 중앙보다(압력이 높아짐) 커지기 때문이다. 증압 실린더 타이머의 시간을 감소시키면 gate 주위의 고압충전을 감소시키는데 도움이 된다(그림 2-35 참조).

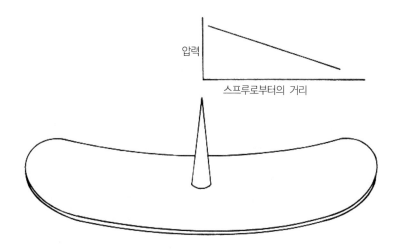

**그림 2-35** 스프루 게이트(sprue gate)를 갖는 디스크(disc, 원반)의 변형

### (6) 제5요인-불균일한 용융온도

용융수지가 차지하는 체적은 온도에 따라 증가한다(즉, 용융수지의 밀도는 온도가 상승하면 감소한다). 그러므로 냉각에 대한 수축은 용융온도에 따라 달라진다. 쇼트(shot)의 첫 번째 부분과 마지막 부분의 온도편차가 있으면 수축의 차이가 변형을 일으킬 수도 있다. 그러한 상태는 사이클을 단축시키거나, 히터밴드에 의해 실린더에서 너무 뜨거운 곳 또는 너무 온도가 낮은 곳이 생긴 상태에 있을 때, 사출기에서 수지를 충분히 빠르게 용융시킬 수 없는 경우에 발생된다.

### (7) 정확한 원인의 확인

변형문제는 정확한 원인을 알면 90%는 해결된다. 금형설계자는 변형문제에 몇 가지 기술을 이용하지만 제일 먼저 검토할 곳은 설계단계이다. 설계자에게 변형을 방지하는 중요성을 인식시켜야 할 필요성은 아주 큰 것이다. 잘못 설계된 제품에서 변형문제를 수정하는 것은 통상 아주 어려운 일이다. 아울러 최종제품에 요구되는 기타의 특성도 변형을 수정하는 성형조건 때문에 충족시키기 어려울 수도 있다.

### 2) 치수의 측정

성형품의 치수측정에 있어서 개인오차가 나와 정확한 정밀도를 잡기 어렵다. 성형품의 정도(精度) 검사방법과 주의사항에 대해서 알고 싶다. 치수측정에는 각종 일반금속용의 측정공구가 사용되지만 상대가 plastic이면 약간의 측정접촉압력에도 변형되어 올바른 치수를 알 수 없다. 투영기(projector)나 공구 현미경으로는 헤어 라인의 굵기를 구분하여 보는 것과 에지(edge)의 흐릿함과 광원의 열복사에 의한 치수변화 등으로 오차를 내기 쉽다.

측정 오차나 미스는 다음의 원인에도 기인한다.

① 측정기 자체의 차 : 정기적으로 검사한다.

② 개인의 습관에 의한 차 : 훈련하여 일치시킨다.

③ 눈금의 읽음 불량, 기록 미스, 계산 틀림, 부주의

④ 환경, 온도 차 : 고정도(高精度)의 것을 항온실 내에 넣어 수 일 후 측정한다.

마이크로미터는 100밀리 이하에서는 JIS로 측정압 400~600g이라고 되어 있으므로 기어외경 등은 매우 측정하기 어렵고 원통부품도 변형된다. 마이크로미터는 한계 게이지와 같이 사용하고 가볍게 성형품(눈에 보기에)이 정지될 정도일 때를 측정치수로 하고 싶으나, 여러 사람에게 동일한 물건을 측정시키면 10밀리에서 ±0.02 정도의 차가 생긴다. 계약상의 치수는 상호간에 측정법을 협정해 두며, 또 동일물건을 측정하여 회사간의 차, 개인 차를 될 수 있는 한 보정해 둘 필요가 있다.

다이얼 게이지는 스프링 힘으로 움직이므로 측정단자를 크게 움직인 위치에서는 여분의 측정압이 걸리므로 처음의 0.5~1밀리의 범위를 사용하는 것이 좋다. 측미지시계(마이크로 콤퍼레이터) 225g± 45g, 또는 레버식 인디케이터(마이크로 테스터) 20g을 사용하면 좋다.

버니어 캘리퍼스는 최근 공업기술원 계량연구소의 지도로 정측(定測) 정력(定力) 버니어 캘리퍼스가 개발되어 시판되고 있지만 측정압은 70g이다. 특히 시험작업시는 성형조건이 확정된 정상적인 성형품을 샘플로 한다. 정산이라는 것은 그 조건에서 30쇼트 또는 수 시간을 사출한 것이다.

일반적 주의는 다음과 같다.

① 성형 직후는 치수변화가 크므로 규정시간이 경과한 후에 잰다.

② 측정압을 최소한으로 한다.

③ 습기를 흡수하는 것이나 정밀측정은 항온항습실에서 1~2일 방치한 후에 잰다.

④ 도면의 기준선은 성형품에는 없으므로 이를 정하는 방법이 문제가 된다. 기준선이 성형품의 바깥에 있는 것도 있다.

⑤ 구멍의 중심은 구하기 어렵다. 구멍은 굽어 있거나 크기가 출입구와 가운데가 다른 것이 있다.

⑥ 직교하는 기준선을 사용한 투영기에서의 측정은 문제가 되는 경우가 많다.

⑦ PL(Parting Line)면은 일반적으로 순평면이 아니므로 기준면이 되지 않는다. 끝 단은 거스러미가 생기기 쉽다.

⑧ 빼기 테이퍼(taper)가 있다.

⑨ 수지의 흐름방향에 따라 수축이 다르다.

⑩ 모서리 각(角) 부분은 R(Round)이 되기 쉽다.

⑪ 방전 가공면의 치수는 성형품에서는 금형의 凹를, 금형의 측정에서는 凸부를 측정하는 것이 된다. 수축률의 계산에 틀리기 쉽다.

⑫ 피측정물의 성형조건과 측정방법을 상세히 기록하고 샘플은 일정기간 보관한다.

구멍의 치수는 실용상으로 습동, 회전, 압입에 쓰이므로 게이지를 사용하는 것이 적합하다. 관통 중량을 규정할 필요가 있다. 현장 측정용 게이지는 공작용을 사용하고 검정용은 별도로 보관하여 사용하지 않는다. 양산 중의 치수검사에는 제품에 따라 공기 마이크로미터를 사용하면 무접촉으로 빨리 측정할 수 있고, 치구를 연구하면 들어간 것도 측정할 수 있다.

### 3) 치수한계

정밀금속부품을 plastic화 하고 싶다. 그렇다면 현재의 기술수준으로 본 금형 정도, 성형품 정도의 한계는 어떻게 정하는가?

형상에 따라 다르나 간단한 것은 한계가 가능하지만, 한 개의 성형품 중에 몇 군데의 엄격한 치수가 있는 경우는 적용하지 않는 것이 좋다. plastic은 연한데도 설계자는 금속과 같은 엄격한 치수를 넣고 있으나, 많은 기능상의 불량은 근거도 없는 엄격한 치수를 넣는데서부터 발생된다. JIS B0406 보통 치수차(단조가공)의 해설에는 다음과 같이 씌어 있다. 성형품의 치수한계를 정하는데 좋은 참고가 된다.

"보통 치수차에 관해서 실제 공장에서 일어나는 문제는 설계자가 어떤 근거도 없이 엄밀한 수치를 기입하면 그 제품의 품질이 향상된다고 오인하는 것이다. 또 숙련공은 공차가 지시 안 된 치수에 대해서도 무의식적으로 가능한 한 정밀하게 가공하려고 노력하는 경향이 있고, 게다가 경험이 많은 검사공이라도 사내규격에 써 있는 허용된 기준보다도 예상 이상으로 엄중한 검사를 하고 있다. 따라서, 보통 치수차를 쉽게 해석하면, 공장에 있어서는 사용에 익숙해진 정밀도로서의 치수차로 인식하고 있으며, 설계에서는 어느 치수에 특정의 치수차를 기입해야만 할까를 지정하고 있는 것이다."

### 4) 성형품의 내외경 치수정도

원통모양 성형품의 내외경 치수정도가 잘 안 나온다. 그 원인은 무엇인가?

성형조건이나 금형수정에 의한 해결책에 대하여 알고 싶다. 내경은 凸형에 구속되어 수축되기 어려우므로 일반적으로 치수가 크게 된다. 살두께가 얇은 경우는 내외경이 서로 비례하지만 기어와 같이 내외경이 크게 다른 경우는 내경의 제어가 어렵다. 일반적으로 내경의 핀은 크게 만들어 시험을 하여 깎아 수정한다고 말하지만, 밀어박는 핀이 아니고 형을 관통하고 있는 경우는, 구멍을 작게 하지 않으면 안 되므로, 반대로 작게 만들어 구멍을 핀과 함께 키우는 것이 좋다. 긴 내경은 양산에서 크게 변동하므로, 시험사출에서 간단히 수정하면 사이클의 단축이 불가능하다. 핀은 가느므로 축열되기 쉽다. 전열면적이 길이에 비하여 작기 때문이다. 핀의 뿌리 부분으로부터 에어를 불어내어 식히는 냉각과 온도조절이 필요하다. 금형온도, 압력사출속도에 의한 POM(폴리아세탈)의 내외경의 치수변화를 그림 2-36에 나타냈다. 수지온도가 높으면 수축이 커질 것이지만, 용융점도가 저하되어 사출압력이 효과를 발휘하여 상쇄되는 것이다.

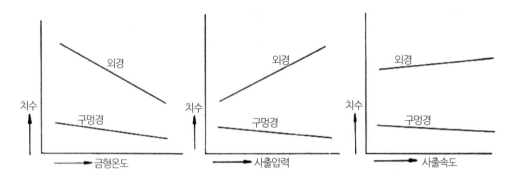

**그림 2-36** 금형온도, 사출속도에 의한 POM의 내외경 치수변화

구멍이 너무 클 경우에는 다음과 같은 해결방법이 있다.
① 사출압을 높인다.
② 금형온도를 높인다.
③ 부분적으로 금형온도를 다르게 한다.
④ 금형온도의 불균일을 조사한다.
⑤ gate의 형상을 조사한다.
⑥ 밀핀이 원활하고 균일하게 공랭되어 있는가.
⑦ 교정치구를 사용한다.
⑧ 2차압의 절환시점을 조정한다.
⑨ 2차압을 낮게 한다.
⑩ 다점 gate로 한다.
⑪ 언더컷(undercut)이 있는가, 어떤가.
⑫ 사이클을 길게 한다.

### 5) 멀티-Cavity의 수축편차

작은 정밀부품을 다수개취(多數個取)로 하고 있으나 cavity간의 정도(精度)가 불균일하여 곤란하다. 수축률의 편차를 줄이는 좋은 해결책은 없는가? 보통 어느 정도의 치수오차가 나오는가?

성형품의 cost down(원가 절감)을 생각하여 다수개취로 하여 큰 기계를 사용하면 왕왕 정도(정밀도)가 나오지 않아 실패한다. cavity가 1개 증가함에 따라 정도는 5%가 저하된다고 알려져 있다. 대형기계가 되면 형개폐 시간도 늦고 금형비는 높고 형의 교환횟수가 증가하여 금형의 보수도 어렵다.

필요한 정도와 로트(lot) 수를 생각하여 개취수, 기계의 대소를 결정하며 기업 이미지와 특징을 고려하여 정하는 것이 좋다. 성형품에 따라 기계를 선정하는 것을 원칙으로 한다. 다수개취의 금형으로 형제작이 제때에 안 되어 할 수 없이 cavity를 한 개만 만들어 납기를 맞추었다가 후일 다수개취로 하는 방법을 잘 쓰지만 잘 되지 않는 경우가 많다. 제작자도 긴급감이 없어지고 제작시기가 다름에 따라 형의 치수정도에도 차이가 생기게 되어, 전수(全數)가 합격하기까지 오랜 시일이 걸려 몇 달 후에도 계속하여 1개취 금형을 쓰는 경우가 많다.

### (2.3.2) 성형품의 불량원인과 대책

#### 1) Short Shot(미성형)

성형할 수지가 성형기(plastic molding machine)의 실린더 안에서 충분히 가열되지 않거나 사출압력과 금형온도가 매우 낮을 경우, 금형 전체에 수지가 들어가지 않고 냉각 고화해서 성형품의 일부가 모자라는 현상이다. 그 주원인은 다음과 같은데, 가장 결정적인 요인은 ㄱㅁ형의 형상과 수지의 유동성이다.

① 수지의 유동성이 부족하다.
② 금형내압이 부족하다.
③ 성형기의 능력이 부족하다.
④ cavity 안의 공기빠짐이 불량하다.
⑤ 재료공급량이 부적정하다.
⑥ 유동저항이 너무 크다.

#### (1) 대책

① 성형기계의 능력 부족

성형기계의 가소화(可塑化)능력의 부족 또는 공급능력의 부족 등이 원인이 된다. 가소화능력이 부족할 때는 가열시간의 연장, screw 회전수의 증가, 배압(背壓, back pressure)의 증가 등으로 가소화를 충분히 하면 해결되지만, 공급능력이 부족할 때는 능력이 큰 기계로 바꾼다.

② 여러 개 빼기의 일부가 충전 부족

성형기계의 능력이 충분하여도 gate 밸런스(gate balance)가 나쁘며 스프루(sprue)에 가까운 것, 또는 gate가 굵고 짧은 것만이 좋은 상품이 되고 일부가 불량품이 된다. 이것을 해결하려면 gate 평형을 수정한다. 즉, 런너 지름을 크게 하여 맨 끝까지 압력이 저하하지 않도록 함과 동시에 스프루에서 멀리 떨어진 cavity의 일부를 닫고, 1쇼트당의 성형개수를 감소시킨다.

③ 수지의 유동성(流動性)이 부족

수지의 유동성은 수지의 종류, 품목에 따라 다르므로 성형품의 실용강도, 디자인에 의해 적절한 것을 선정한다. 또 성형조건(수지온도, 사출압력, 사출속도, 금형온도)과 성형품의 살두께에 의해서도 좌우된다. 수지의 유동성 척도로서는 카탈로그 등에 멜트 플로우 인덱스(melt flow index=MFI)나 스파이럴 플로우 길이로서 표시되어 있다.

표 2-4에 주된 수지의 실용상의 살두께와 유동비를 표시하였다.

**표 2-4** 일반 사출성형에서의 살두께 및 L/t

| 플라스틱 | 살두께[mm] | L/t | 플라스틱 | 살두께[mm] | L/t |
|---|---|---|---|---|---|
| 폴리에틸렌 | 0.6~3.0 | 280~200 | 메타크릴 수지 | 1.5~5.5 | 150~100 |
| 폴리프로필렌 | 0.6~3.0 | 280~160 | 경질 PVC | 1.5~5.0 | 150~100 |
| 폴리아세탈 | 1.5~5.0 | 250~150 | 폴리카보네이트 | 1.5~ | 150~100 |
| 나일론 | 0.8~ | 320~200 | 아세틸셀룰로오스 | 1.0~4.0 | 300~220 |
| 폴리스티렌 | 1.0~4.0 | 300~220 | ABS수지 | 1.5~4.0 | 280~160 |

수지의 유동성을 향상시키는 대책으로서는 수지온도, 사출압력, 사출속도, 금형온도를 들면 된다. 수지의 유동성이 부족하게 되면 금형의 끝 또는 웰드(weld)부까지 가는 동안 고화되므로 충전부족이 된다. 이것을 해결하려면 수지온도를 높이고 금형 끝까지 수지가 흐르도록 사출속도를 빠르게 하거나, 성형기계의 실린더 온도와 사출압력을 높이고 사출속도를 빨리하여 금형온도를 높게 한다. 또한 수지의 유동성이 좋아야 하므로 유동성이 좋은 원료(수지)로 바꾸는 것도 해결방법의 하나이다.

④ 유동저항이 클 때

유동저항이 크면 충전불량이 발생한다. 용융수지가 성형기의 노즐, 금형의 스프루, 런너, gate를 통해서 cavity로 흐를 경우, 수지가 냉각되어 점도가 높아져서 유동성이 방해되고, 고화해서 성형품의 말단까지 도달하지 않기도 한다. 이러한 경우 노즐, 스프루, 런너, gate의 단면적을 넓히고, 또한 길이를 단축시키고, 또 cavity 살두께가 허용되는 범위에서 늘리거나, gate 위치의 변경이나 보조 런너를 설치하는 것 등이 효과적이다.

금형온도가 지나치게 낮으면 유동저항은 커지므로 주의하여야 한다. 노즐 저항은 노즐 지름을 크게 하거나 노즐 온도를 높이면 감소된다. 스프루는 지름의 증가, 런너는 저항이 큰 반원 런너를 피하고 원형 또는 사다리꼴 런너로 하거나 지름을 증가시키고 또 이들을 필요 이상 길게 하면 안 된다. 충전부족부까지의 사이에 얇은 부분 때문에 충전부족이 생길 경우는 두께 전체를 증가시키든가, 일부의 두께를 증가하여 보조 런너로 하거나, 혹은 gate를 충전부족 근처에 설치한다.

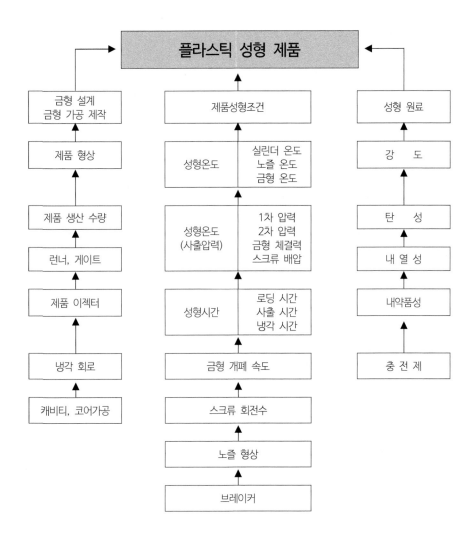

또한 유동저항은 노즐에서 나온 수지가 다시 스프루, 런너에서 냉각되기 때문에 콜드 슬러그 웰(湯溜, cold slug well)을 크게 설치한다. 금형온도가 낮으면 유동저항이 커지므로 금형온도를 높인다. 또는, 냉각배관의 위치를 바꾸고 냉각수의 통수(通水)방법을 변동한다.

⑤ cavity 내의 배기불량

Cavity 내의 배기불량은 수지가 금형 내의 공기를 밀어내면 된다. 그런데 성형품의 형상, 살두께의 불균일, gate의 위치 등의 관계에서, 성형품의 말단이나 깊게 새긴 보스부 선단 주위가 살이 두껍고 중간이 얇은 성형품, 각형(角形) 성형품의 평면에 대칭인 4점 gate가 있는 중심부 등은 배기불량이 충전불량이 되기 쉽다. 수지의 온도와 압력을 올려 유동성을 증가시킬 때 태움(black sport)과 웰드 라인(weld line)이 생기기 쉽다.

충전부족이 자주 생기고, 수지가 cavity에 들어갈 때 미충전 부분에 공기가 남아 그 압력으로 충전부족이 되기도 하고 너무 급속 충전되어 공기가 파팅 라인(parting line)면을 통하여 빠지지 못할 때도 있다. 이 현상은 금형의 구석진 곳, 금형의 오목부, 제품의 두꺼운 부분으로 둘러싸인 얇은 장소에 발생한다. 즉, 벽두께에 비해 천정의 두께가 얇은 제품을 사이드 게이트(side gate)로 성형할 긴 보스(boss)의 끝에 생긴다.

이때 공기는 단열 압축을 받아 고온으로 되어, 이 부분이 타버릴 수가 있다. 이 불량해결은 공기가 빠지게 사출속도를 느리게 하든가, 또는 금형 내의 공기를 진공펌프로 배기하면 된다. 그러나 가장 좋은 해결방법은 공기가 빠질 구멍을 설치, gate 위치를 선정하여 공기가 먼저 빠지도록 하든가, 공기가 빠질 곳을 금형의 구조에 따라 설치하는 것이다. 즉, 금형의 일부를 코어로 하여 코어의 틈새로 공기가 빠지게 하든가, 파팅(parting)면의 일부에 얇은 홈을 내든가, ejector 핀(밀핀)을 설치하여 그 틈새로 공기가 빠지게 하면 된다. 예를 들면, 다점 핀 gate를 성형할 경우 배기 중 금형의 일부를 코어로 한다.

⑥ 형조임력 부족

형조임력(clamping force) 부족과 충전 부족은 서로 무관한 것으로 생각되지만, 이것이 원인이 될 때가 있다. 동일 사출량의 기계라도 형조임력이 부족하여 사출압력으로 가동축이 약간 움직이면 플래시(성형귀)가 발생하여 제품의 중량이 증가하고, 사출량이 부족되어 기계의 능력 부족과 같은 충전 부족이 된다.

⑦ 수지의 공급이 불충분

성형기계의 능력은 충분하나 소요량의 수지가 노즐에서 나오지 못하면 충전 부족이 된다. 이 원인은 ㉮ 호퍼(hopper) 안에서 수지가 브리징(bridging)을 일으켜서 실린더에 공급 부족, ㉯ screw식 사출성형기는 수지가 실린더 내에서 미끄러져 앞으로 이송되지 못할 때가 있다. 전자 ㉮는 호퍼 드라이어(hopper drier) 중에서 수지가 녹아 덩어리로 될 때와 분말 혹은 부정형(不整形)인 펠레트(pellet)는 호퍼에 붙는 경우가 있다. 후자 ㉯는 수지를 잘못 선택하여 윤활제가 너무 많은 펠레트를 사용할 때이므로 올바른 배합원료로 바꾼다.

가끔 성형기계의 능력을 과대하게 예측해서 실패하는 일이 있다. 예를 들면, 성형기의 이론 사출량(폴리스티렌의 비중 1.04로 계산)으로 빠듯하게 폴리올레핀(비중 0.9~0.95)을 사용하거나, 형체력(型締力)의 부족에 의해 cavity 용적이 증가해서 공급량 부족을 일으키는 실수를 하는 경우가 있으므로 주의하여야 한다.

⑧ 수지 공급 과잉

특히 플런저식 사출성형기계(plunger type injecting molding)는 실린더 내에 많은 수지가 들어가면 사출압력, 즉 실린더 내의 수지를 미는 압력이 펠레트(pellet)의 압축에 소비되어 실제 사출성형에 필요한 노즐에서 나오는 수지압력이 감소되어 사출압력 부족 현상이 나타나게 된다. 이 해결방법은 성형에 알맞은 수지량을 공급하도록 조정한다.

## 2) 금형 상처, 긁힌 상처(Mold Mark)

### (1) 특징

금형 상처(mold mark)는 금형 표면의 상처가 제품표면에 나타나는 현상이므로 금형을 수정하면 고칠 수 있다. 긁힌 상처는 금형의 역테이퍼 혹은 테이퍼의 부족이 제품과 금형 마찰면에 상처가 생기는 현상이다. 그대로 성형을 계속하면 금형 자체를 마모시켜 상처가 계속 생기므로 금형을 수정해야 된다. 연마의 부족이나 거스러미로 생기는 수도 있으므로 금형을 수정한다.

### (2) 대책

금형이나 기계에 이상이 없이 성형기술 자체로 긁힌 상처가 생기는 것은 과잉충전으로 예정된 성형수축이 되지 않을 경우이다. 이때는 싱크 마크(sink mark)가 발생하는 것을 각오하고 성형한다.

금형에 따라서는 인젝션(injection) 방법에 있어서 중심에 하나의 바(bar)만을 사용하여 인젝션할 때 플레이트(injection plate)가 기울어 제품도 기울어지면서 긁힌 상처가 생기는 경우가 있다. 이것은 중심에 대한 cavity의 밸런스 불량으로 생기는 것이다. 따라서 이러한 cavity의 설계를 해서는 안 된다.

또한, 뽑기 테이퍼가 부족시에 긁힌 상처가 발생한다. 즉, 뽑기 테이퍼는 부분 혹은 제품의 설계에 따라 끊임없이 변화하므로 제품을 설계할 때 뽑기 테이퍼에 주의한다. 특히 곰보 가공시 그 섬세한 요철이 역테이퍼의 원인이 되므로 뽑기 테이퍼를 충분히 주고 테이퍼 면의 곰보의 깊이도 주의한다.

## 3) 플래시(Flash) 또는 Burr(버)

### (1) 특징

금형의 맞춤면, 즉 고정형과 이동형의 사이, 슬라이드 부분, insert의 틈새(clearance), ejector 핀의 간격 등에 수지가 흘러들어가 제품에 필요 이상의 막인 지느러미가 생기는 현상이다. 이 플래시는 한 번 발생시 지렛대의 원리로 점차 큰 플래시가 생기고, 금형을 오목(凹)하게 하여 플래시가 다시 큰 플래시를 발생시키므로 처음부터 플래시가 나오지 않도록 하고, 플래시가 생기면 즉시 금형을 수정한다(그림 2-37).

그 주원인은 다음과 같다.

① 금형의 맞춤면, 분할면 등의 불량에 의함.
② 형체력의 부족에 의함.
③ 수지의 용융점도가 너무 낮음.
④ 금형 사이에 이물이 끼어 있음.

플래시의 대책은 우선 금형의 수리가 선결이다. 즉 맞춤면, 분할면의 끼워맞춤을 충분히 하고, ejector 핀, 부시의 틈새는 끼워맞춤 정밀도를 높인다.

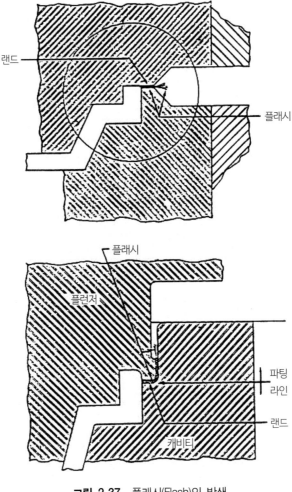

랜드

플래시

플래시

플런저

파팅
라인

랜드

캐비티

**그림 2-37** 플래시(Flash)의 발생

(2) 대책

① 형조임력(型締力, clamping force)의 부족

성형품의 투영면적보다 형조임력이 작으면 사출압력으로 고정형(固定型)과 가동형(可動型)의 사이가 벌어져 플래시가 나오고, 더욱 투영면적이 커져서 큰 플래시가 나온다. 특히, 중앙부에 구멍을 이용한 사이드 gate로 성형할 때 런너(runner) 부분에 사출압력이 커져 플래시가 쉽게 발생한다. 이것을 해결하려면 사출압력을 낮추거나 형조임력을 높이는 방법과 유동성이 좋은 수지로 바꾼다. 성형품의 투영면적에 걸리는 압력이 성형기 형체결력보다 크면 금형의 열림이 발생한다.

$$QP = A \cdot CP$$

$QP$ : 형체결력(Ton)

$A$　: 성형품의 투영면적($\text{cm}^2$)

$CP$ : cavity 내의 압력($\text{kgf/cm}^2$)

cavity 내의 압력은 성형재료, 성형품의 형상(살두께나 크기), 성형조건(수지온도, 사출압력, 사출속도), 금형구조(gate의 크기, 런너의 굵기), 성형기의 종류(플런저형, screw형)나 성형에 따라서 차이가 있으나, 일반적으로 $200{\sim}400\,\text{kgf/cm}^2$의 값이 취해진다. 투영면적은 런너도 포함시킨 값으로 한다. 따라서 형체력(형조임력)의 부족에는 기계의 변경이 필요하다.

② 금형의 밀착이 나쁨

우선 가동형과 고정형은 금형 자체의 밀착은 좋아도 토글식 형조임 기구(toggle type mold clamping system)는 금형의 평형도 불량이나 형조임 장치의 조정불량으로 형조임에 좌우 불균형 발생이 있다. 즉, 좌우 중 한 쪽만이 죄어져 밀착불량되는 수가 있다. 이때, 4개 또는 2개의 타이 바(tie bar)를 균등하게 조정한다. 또, 금형면 다듬질 불량으로 밀착불량이 되는 것과 중앙에 구멍이 있을 때 형조임력이 크게 걸리도록 한다.

또, 슬라이드 코어(slide core)는 이 작동기구의 헐거움으로 플래시가 발생하므로 슬라이드 코어의 밀어젖힘을 충분하게 하고, 특히 좌우분할금형은 이 방향의 투영면적에 사출압력이 걸려 이 압력에 견딜 수 있는 충분한 설계를 한다. 플래시는 금형에 약간의 틈에서도 생기고, 일단 플래시 발생은 플래시가 플래시를 크게 할 뿐만 아니라 제품의 낙하불량, ejector 핀의 고장 등을 가져오기 때문에 즉시 수리한다.

③ 금형의 휨(bending) 변형

금형의 두께가 부족시 금형이 수지의 사출압력으로 휘어지고, 중앙부에 구멍이 있으면 그 둘레에 플래시가 생기거나 구멍으로 사이드 gate에서 성형시 런너, 구멍 주위에 플래시가 생기는 것은 금형 제작불량에 의한 것이다. 이것을 바로 잡기는 어려우나 이 부분에 금형받침을 하면 감소된다.

④ 수지의 유동성이 좋을 경우

수지의 흐름이 너무 좋은 것은 직접 플래시 발생의 원인이라고 할 수 없으나, 용융점도가 낮아지면 아주 작은 틈으로도 흘러 들어가기 쉬우므로 수지온도, 금형온도를 내리면 된다. 그러나 사출속도를 느리게 하는 등 유동성을 나쁘게 해서 커버하는 이 대책은 일시적인 것으로서 재료의 특성을 저하시키는 경우도 있으므로 주의해야 한다.

⑤ 수지 공급의 과다

cavity 용적에 대해 공급량이 과대할 때에 플래시가 나온다. 특히 금형트라이(try) 때 수지의 공급이 과대하면 플래시가 계속 발생한다. 공급량은 약간 적게 시작해서 적정량으로 조정하면 된다. 플래시의 직접 원인은 아니나 싱크 마크(sink mark)를 방지하기 위해 수지를 너무 많이 공급하지 말고, 사출시간, 보압(=유지압 ; holding pressure=dwelling pressure) 시간을 증가시켜 성형한다.

⑥ 사출압력 과다

사출압력을 과대하게 높이거나, 금형의 맞춤면에 이물을 끼우고 형체를 하면 금형이 비틀어져서 틈이 생기고 홈이 생겨 플래시가 나오게 되므로 주의해야 한다.

⑦ 금형 분할면의 이물(異物)

금형면의 이물은 플래시를 발생시키므로 금형면을 깨끗이 하고, 금형면의 밀착을 좋게 한다.

## 4) 싱크 마크(Sink Mark)

### (1) 특징

Sink mark는 성형품의 표면에 있는 오목한 부분(凹)을 말하며 성형품의 불량 중에서도 가장 많다. 이것은 수지의 성형 수축에 의한 것으로 제거가 곤란한 경우가 많다. 또 사출성형은 냉각된 금형용융 수지를 주입할 때 금형에 접촉한 면부터 냉각되고 수지는 열전도가 나빠지고 매우 복잡한 현상이 생긴다.

금형에 접하는 표면이 빨리 냉각되어 고화, 수축한다. 내부는 냉각이 늦으므로 수축도 늦다. 따라서 빨리 수축하는 쪽으로 재료는 움직이고, 늦게 수축하는 부분은 수지량이 부족해서 기포가 된다. sink mark는 성형품의 냉각이 비교적 늦은 부분으로, 표면이 내부의 기포발생을 없애는 방향으로 끌려서 오목면이 되는 즉, 성형품의 두꺼운 부분에 발생하기 쉽다.

따라서 제품설계나 금형설계 때 sink mark 방지를 위하여 연구하고, 일단 sink mark가 발생시 제거방법이 중요하다. 한편, 핀 홀(pin hole)은 sink mark가 제품 내부에 생기는 현상으로 이 점도 함께 고려한다. 특히 수축이 큰 수지(폴리프로필렌, 폴리에틸렌, 폴리아세탈 등)일수록 심하다.

주요 원인을 들면 다음과 같다.

① 성형품의 살두께가 불균일하다.

② 금형의 냉각이 불균일하거나 불충분하다.

③ 금형 내 압력이 부족해서 충분히 압축되지 않는다.

④ 사출속도가 너무 빠르다.

⑤ 재료의 수축이 큰 것 등이다.

Sink mark의 발생이 두꺼운 부분에 많은 점, 재료의 수축, 냉각속도에 차이가 있는 점을 고려해서 대처하면 된다.

### (2) 유의점

① 살두께는 재료에 따라서도 다르나, 수축이 큰 수지는 3 mm 이하로 가급적 균일하게 설계한다. 필요에 따라 rib, 보스 등 부분적으로 두껍게 되는 성형품의 경우라도 될 수 있는 대로 작게(가늘게, 낮게) 한다.

② 금형의 냉각홈은 충분히 뚫고 균일하게 함과 동시에 sink mark가 발생하기 쉬운 장소는 냉각을 강력하게 할 필요가 있다.

③ 금형 내 압력이 성형품 전체에 전달되도록 gate와 런너의 단면적을 크게 또는 짧게 하고 사출유
지시간을 길게 한다. 재료 공급량을 약간 늘리는 것도 효과가 있으나, 플래시에 주의해야 한다.
④ 성형수축률이 큰 수지에서 온도와 비용적(比容積)이 크게 변하므로(그림 2-38), sink mark가 두
드러진다. 성형온도는 낮게 억제하고 두꺼운 부위에 gate를 설치하고 sink mark가 발생하는 부
분에 보조 런너를 설치하고 살빼기로 sink mark를 개량하는(그림 2-39) 등의 대책이 효과적이
나, 재료에 무기물을 첨가해서 수축을 줄이는 것도 개선의 일책이다.

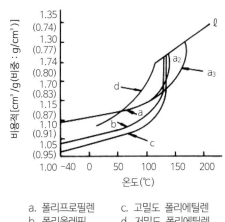

a. 폴리프로필렌    c. 고밀도 폴리에틸렌
b. 폴리올레핀      d. 저밀도 폴리에틸렌

**그림 2-38** 폴리올레핀의 온도-비용적(比容積) 관계

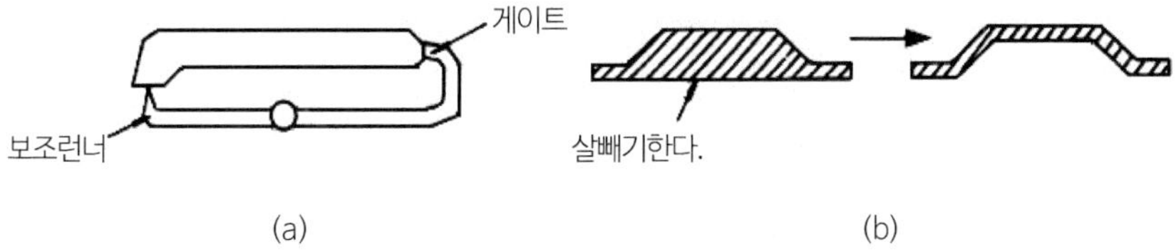

보조런너    게이트    살빼기한다.

(a)                                      (b)

**그림 2-39** sink mark(싱크 마크) 개량대책 예

## (3) 대책

① 압축의 부족

성형품의 두께나 용적(容積)에 비해 스프루, 런너 및 gate가 가늘면 금형 내의 수지가 압력이
걸리지 않아서 수축량이 커지고 sink mark가 크게 발생한다. 특히 gate가 가늘면 보압(保壓 ;
유지압)시간이 충분해도 gate에서 고화되어 금형 내의 수지에 압력이 걸리지 않는다. 이 현상
은 융점이 뚜렷한 결정성 plastic에 생기기 쉬운 현상이다. 또 플래시가 잘 생기는 금형은 금형
밀착도가 나쁘게 되는데 이것은 압축부족으로 sink mark가 원인이 된다.
Screw식 사출성형기계(screw type injection molding machine)는 screw 홈으로 수지의 역류

(逆流)방지를 위해서 체크 밸브(check valve)를 장치하지만 이것은 완전하지 않고, 플런저식 사출성형기(plunger type injection molding machine)보다 sink mark가 많이 생긴다. 이런 점이 플런저식 사출성형기가 screw식 사출성형기보다 우수하다.

압축부족에 의한 sink mark를 방지하기 위해 금형 전체에 사출압력(보압)이 걸리도록 스프루, 런너, gate 지름을 크게 한다. 또 사출압력을 크게 하고 보압이 충분한 것이 중요하다. 재료가 부족하면 sink mark가 된다. 수지의 흐름이 너무 좋아서 가입시 플래시를 발생시켜 sink mark가 생기는 수도 있으나, 이때는 실린더 온도를 내리거나 유동성이 나쁜 수지로 바꾼다.

Gate에서 먼 곳은 sink mark의 발생률이 많은데 이것은 유동저항에 의한 압력손실 때문이다. 따라서 sink mark가 발생하기 쉬운 곳에 gate를 설치하든가, 혹은 그 위치까지의 두께를 크게 한다. 또, 핀 게이트(pin gate)의 수를 늘리거나 gate의 위치를 변경한다.

② 계량 조정의 불량

Screw식 사출성형기로 성형하면 사출이 끝났을 때, screw의 선단과 노즐 사이에 적당량의 용융수지를 남기는데 이것을 쿠션(cushion)이라 한다. 이 쿠션량을 0으로 하고 사출이 끝남과 동시에 screw가 전진 끝까지 가도록 계량조정을 하면 보압 중에는 screw가 전진할 수 없어 보압을 않는 것이 된다.

그러므로 보압 중의 수지의 수축분량이 sink mark가 된다. 이 sink mark는 gate부의 sink mark 및 제품 표면에 얼룩 모양의 sink mark로 되어 나타나므로, 쉽게 다른 원인에 의한 sink mark가 생기는 원인과 구별할 수 있다. 이 해결은 쿠션량을 규정대로 두고, 사출이 끝난 다음에도 screw가 수mm에서 십 수mm 더 전진하도록 한다.

이 쿠션량이 0, 즉 사출이 끝났을 때 단절하는 계량 설정을 하면 사출성형기 자체의 수명을 단축시킨다.

③ sink mark가 이면(裏面)에 나타남

제품에 따라서는 제품 이면의 sink mark는 지장이 없는 경우가 있으나, 앞의 설명과 같이 sink mark는 금형온도가 낮은 면에는 나타나기 어렵다. 금형온도가 높은 면에 나타난 금형의 부분 중 sink mark 부분은 냉각을 충분히 하든가 혹은 반대로 sink mark가 나타나도 지장이 없으면 즉, sink mark가 나타나면 안 되는 면의 반대면을 가온하여 성형한다.

④ 냉각의 불균일

제품의 두께가 매우 불균일하면 두꺼운 부분이 얇은 부분보다 늦어 sink mark가 된다. 두께가 균일하지 않을 때 sink mark는 이론상 제거가 곤란하여 제품설계 때 두께를 균일하게 하여 두께의 변동을 적게 한다. 예를 들어, 보스(boss)는 바깥 지름이 필요시 중앙에 sink mark 제거용 핀을 설치하고 보스에 강도가 필요할 때 보스 자체를 굵게 하지 말고 보강 리브(rib)로 대체한다.

⑤ 수축량이 큼

　　성형에 사용하는 수지의 열팽창 계수가 크면 sink mark가 발생하기 쉽다. 이때는 저온에서 성형하거나 사출압력을 크게 한다. 그러나 수지온도를 내리고 사출압력을 높여도 결정성 plastic인 폴리프로필렌, 고밀도 폴리에틸렌, 폴리아세탈 등은 결정(結晶)된 고체와 녹아 있는 수지의 비중의 차이가 있어 sink mark를 방지하기 어렵다. 이때 가능하면 비결정성의 폴리머(polymer)로 바꾸면 sink mark가 감소된다. 또, 수지에 무기물 충전제, 예를 들면 유리섬유, 석면 등을 혼입하면 sink mark가 작아진다.

## 5) 휨(Warp), 굽힘(Bending) 및 뒤틀림(Twisting)

**|특징|**

성형품의 변형은 그 형상에 따른 성형수축에 의한 잔류변형, 성형조건에 의한 잔류응력(오버팩, 수지온도, 금형온도, 사출압력 등), 이형시에 발생하는 잔류응력 등으로 변형과 crack(크랙)이 발생한다.

재료의 강성이 높은 것은 잔류응력이 있어도 큰 변형은 발생하지 않으나, 폴리에틸렌이나 폴리프로필렌은 가용성(可溶性)이 있고 성형수축률이 커서 변형이 크다. 성형품의 변형을 대별하면 휨, 구부러짐(굽힘), 비틀림(뒤틀림)의 3종이 있는데 비틀림 현상은 폴리에틸렌과 폴리프로필렌에서 깊이가 얕은 판 모양의 성형품에 많다.

### (1) 휨(Warp)

상자 모양의 성형품 성형시 측벽이 안쪽으로 휨, rib가 있는 성형품이 rib 쪽으로 오목 휨과, 그 반

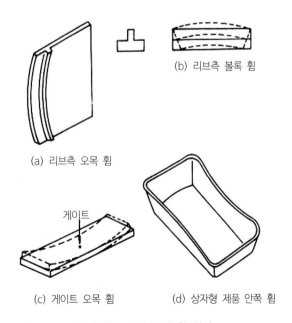

(b) 리브측 볼록 휨

(a) 리브측 오목 휨

게이트

(c) 게이트 오목 휨　　　　(d) 상자형 제품 안쪽 휨

**그림 2-40** 여러 가지 휨 현상

대의 볼록 휨, 그리고 gate측으로 젖혀지는 오목 휨 등이 있다(그림 2-40).

**|대책|**

① 상자 모양 성형품의 측벽의 안쪽 휨

안쪽 휨은 코어의 온도가 cavity 온도보다 높을 때에 생긴다. 즉, 금형온도가 높으면 용융수지가 서냉되고, 낮으면 급냉된다. 서냉되면 결정화가 진행되어 수축률은 커지고 급냉은 그 반대로 된다. 따라서, 판 모양의 성형품에서는 금형온도가 높은 쪽이 낮은 쪽보다 수축률이 커서 오목 모양이 된다. 한편, 상자형 성형품의 경우 코어 온도가 높으면 코어 측벽의 안쪽 전체에 인장력이 작용하게 되는데, 4 코너가 보강된 구조로 되어 있으므로 구조적으로 가장 약한 측벽 중앙부가 안쪽으로 인장되어 활모양의 안쪽 휨이 된다.

그림 2-41에 폴리프로필렌의 금형온도와 성형수축률의 관계를 나타낸다. 더욱 수지온도를 낮게 해서 성형하면 흐름방향의 수축률보다 직각방향의 수축률이 커져 주변부의 치수가 남아 활모양의 안쪽 휨은 크게 된다. 따라서 상자형 성형품의 안쪽 휨일 때는 코어의 냉각이 충분히 되도록 냉각수 홈을 배치해 둔다. 사출성형에서의 냉각이란 용융된 고온의 수지를 유동이 완료된 후 빨리 금형 밖으로 배출하는 것으로서, 냉수와의 열교환이다. 그러므로 극단으로 찬물을 흘리면 안된다. 온수라도 유량의 조절로 충분한 효과를 낼 수 있어야 결과가 좋다. 또 구조적으로 보강해 두는 의미에서 주위에 rib를 붙이거나 단을 설치하는 것도 좋고, 금형설계시에 외측으로 볼록하게 하는 것도 좋다. 이 경우 측벽길이 중심의 볼록이 측벽길이의 1/180~1/100 정도이다. 그러나 이들은 보조수단으로서 이용되는 것이다.

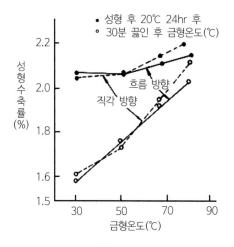

**그림 2-41** 폴리프로필렌(M14.0)의 금형온도와 성형수축률

② Rib 쪽과 그 반대쪽으로의 휨

Rib는 반드시 휨의 원인이 되는 것은 아니지만 rib의 두께, 높이에 따라 휨이 생긴다. 본체의

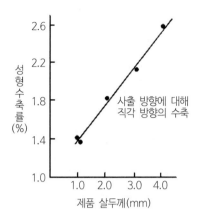

**그림 2-42** 살두께와 성형수축률의 관계

살두께보다 얇고 높은 rib의 경우 rib 부분은 본체보다 급냉되어 rib 치수가 본체보다 길어지므로 rib 쪽이 볼록해져서 젖혀지고, 두껍고 낮은 rib의 경우는 rib 쪽이 서냉되어 rib 쪽이 오목해져서 젖혀진다. 이것은 살두께와 성형수축률의 관계(그림 2-42)에서도 쉽게 알 수가 있다. 따라서 금형의 냉각에 주의함과 동시에 rib의 살두께, 높이 등의 수정도 필요하다.

③ gate 쪽으로의 휨

다이렉트 gate의 성형품에서 흔히 볼 수 있다. 두꺼운 성형품을 약간 충전이 부족하고 가깝게 성형할 때 gate 대면(對面)은 평활하나 gate측에 현저한 요철이 있는 성형품이 얻어진다. 이것은 사출압력이 gate 대면에 강하게 작용하고 있는 것을 나타내고 있다. 완전히 충전한 경우에도 이 경향은 변하지 않는다. 즉 gate 대면측은 수지가 빽빽하고, gate측은 거칠게 충전되는 것을 나타내고 있다. 뒤에서 너무 밀면 이 경향은 강화되어 gate측에 휨으로서 나타난다. 이것은 뒤밀기에 의한 내부변형이 원인이므로 2차 압력을 내리든가 뒤밀기 시간의 단축 또는 병용으로 대처한다.

**(2) 구부러짐(Bending)**

가늘고 긴 통 모양의 성형품에서 흔히 발생한다. 예를 들면, 볼펜의 축이나 잉크가 든 심(core) 등에 발생한다. 수지가 cavity를 흐를 때, 가늘고 긴 코어가 압력에 의하여 움직이므로 살두께가 불균일한 성형품이 되어 성형품 전체가 살두께가 두꺼운 쪽으로 구부러진다.

**(3) 뒤틀림(Twisting)**

이 현상은 고밀도 폴리에틸렌을 센터 gate로 성형할 때에 가장 많이 발생되는 변형이다. 폴리프로필렌에서도 평판 또는 평판에 가까운 형상의 성형품은 이 현상이 성형 직후에 나타나거나 나중에 발생한다. 이것은 흐름방향의 수축률이 흐름에 직각방향의 수축률보다 클 때에 일어나는 현상이다.

센터 gate의 원판을 예로 들면, 흐름방향이 지름방향이고 흐름의 직각방향이 원 방향에 해당한다. 수축률에 방향차가 생겼을 때 지름에 대해 원주가 길어져 원판은 평면을 유지할 수 없게 되어 뒤틀림이 일어나고(그림 2-43) 지름과 원주의 치수균형을 취한다. 폴리프로필렌은 폴리에틸렌에 비해 강성이 높기 때문에 형상에 따라서는 성형 직후에 나타나지 않고 다음날 나타나는 등 생산이 끝나고 나서 불량이 되는 수가 있다. 이와 같은 트러블의 방지는 양산 전에 성형품을 열탕 중에 10~15분 가열시 뒤틀림을 검출하여 방지할 수 있다.

폴리프로필렌의 성형수축률에 방향차는 그림 3-44에서와 같이 저온 성형시 발생한다. 따라서, 방지법은 그림 2-44의 흐름방향 및 직각방향의 수축률이 교차하는 점의 수지온도 이상의 온도로 성형하면 된다.

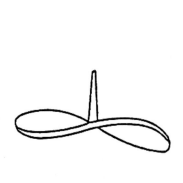

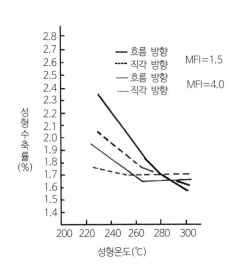

**그림 2-43**  원판의 뒤틀림                 **그림 2-44**  성형수축률과 온도의 관계

### (4) 외부응력에 의한 성형 후 변형

성형품은 금형에서 이형할 때 코어 또는 cavity에 밀착되어 큰 힘을 가하면 성형품은 변형을 일으킨다. 빼낼 때의 변형은 차가운 금형을 써서 고정할 수 있다. 또 충분히 냉각되기 전에 이형하면 ejector pin에 의해 변형하는 경우가 있으므로 금형온도를 내리거나 냉각시간을 연장해서 충분히 냉각 후 이형한다.

빼낸 성형품이 아직 냉각되기 전에 쌓아 올리거나 포장하면 변형하는 일이 있다. 이와 같이 냉각한 변형품은 가온해서 지연 탄성의 회복을 촉진하여 교정하면 된다. 사출성형시 수지의 성형수축률은 수지가 흐르는 방향에 따라 달라진다. 즉, 흐름방향은 그 직각방향보다 수축률이 월등하게 크다. 이 수축률 차이는 결정성 plastic은 수축률이 큼과 동시에 비결정성 plastic보다 크며, 수축률의 차는 10/1,000 이상일 경우도 있고, 성형수축률이 제품의 두께에 영향을 미친다.

또 사출성형법은 점탄성(粘彈性)이 있는 고중합체를 금형 속에 압입하는 성형법으로 성형물의 내부에는 내부응력이 남는 것은 피할 수 없다. 이 원인 때문에 성형품을 금형에서 빼냈을 때 내부의 변형이 가장 적은 모양으로 하려는 것이다. 따라서, 제품이 원하는 모양이 되지 않을 때 이러한 휨, 굽힘 및 뒤틀림 현상이 발생한다. 이 외에도 고화가 충분하지 않을 때와 ejector 핀의 압력에 의한 변형이 있다.

변형의 방지법은 다음의 여러 방법이 있지만 보조수단으로 금형 내의 냉각 외에 냉각 지그(jig)를 사용하는 변형고정법도 있다. 즉, 금형에서 빼낸 후 굳지 않은 성형품을 냉각 지그 중에 다시 냉각시켜 변형을 그대로 고정하는 방법이다. 냉각 지그에 의한 냉각은 그 방법에 따라 다르나 10분 이상 냉각하는 경우도 있다.

**|대책|**

① 냉각 불균일 또는 불충분

냉각이 충분하지 못할 때 금형에서 이젝션(ejection)시키거나 ejector 핀으로 밀어내는 압력으로 성형품이 변형되거나 또 냉각이 불충분한 상태로 금형에서 나와 생기는 변형도 있다. 이 대책은 금형 내에서 완전히 고화시까지 충분히 냉각시켜 고화한 다음에 빼내면 되므로 금형온도를 내리고 냉각시간을 길게 하거나 금형에 따라서는 gate 부분이 냉각부족으로 보통의 성형조건으로 변형방지가 어려울 때 금형의 냉각수 순환방법을 변경, 또는 냉각수 배관을 변경이나 추가시키고 냉각수가 통할 수 없을 때는 공기냉각방법을 한다.

② ejector 핀에 의한 변형

금형에서 제품의 이형성(離型性)이 나빠 제품의 일부가 금형에서 떨어지기 어려울 때 무리하게 밀면 변형이 생기는 경우가 있다. 이때 변형이 생기지 않는 수지인 메타크릴 수지 성형품은 변형은 생기지 않으나 균열이 생기게 된다. 또 ABS나 폴리스티렌 제품은 변형이 이젝터 핀(밀핀 : ejector pin) 자국의 백화(白化) 현상으로 나타난다.

이의 대책은 금형을 재연마하여 빠지기 쉽게 함과 동시에 이형제(離型劑)를 사용하여 금형에서 빠짐을 용이하게 한다. 다른 개량법은 코어의 호닝(honing)에 의한 이젝션 저항의 감소, 뽑기 테이퍼의 증대, 빠지기 어려운 부분에 ejector 핀의 증가 방법도 있다.

③ 성형 strain에 의한 변형

스트레인(strain)에 의한 변형은 성형수축방향에 의한 차와 제품두께의 변동에서 생긴다. 이때는 금형온도와 수지온도를 올리고 사출압력을 내려서 금형에 유입시켜 수축률의 차를 낮추면 좋다. 그러나, 조건의 변경만으로 교정이 곤란한 경우는 gate 위치 및 수를 변경하게 되는데, 예를 들면, 긴 제품은 한 끝에서 주입한다. 또 냉각수 배관을 바로잡거나 긴 패널(panel) 등은 굽힘과 휨(warp)의 반대 면에 리브(rib)를 설치하는 등 제품설계의 일부 변경도 한다. 이때 변형의 교정에는 냉각 지그(jig)가 효과가 있는 경우가 많다. 경우에 따라서는 치수교정이 불가능한 경우도 있고, 금형의 수정을 할 때도 있다.

④ 결정성(結晶性) plastic 변형

결정성 plastic 변형은 앞에서 설명한 ①, ②, ③의 원인에 의한 것이나, 성형수축률 값이 비결정성 plastic보다도 훨씬 크다. 융점이 예리한 것에 변형이 생기기 쉽고 또한 수정이 곤란한 경우가 많다.

결정성 plastic의 교정방법은 결정도(結晶度)가 수지의 냉각속도에 따라 달라 급냉하면 결정도가 낮아져서 성형수축률도 작게 되고 서냉하면 결정도를 높게 하여 성형수축률도 크게 하는 방법이 있다. 이 방법은 금형의 고정측과 이동측에 온도차를 두어서 휘어지는 반대쪽에 strain이 오도록 한다. 이때 온도차는 20℃ 이상의 차이를 두도록 하고 온도차이도 균일하게 한다. 또 제품 및 금형의 설계에 있어 plastic은 특별한 변형방지를 하지 않으면 변형으로 사용할 수 없게 되는 수도 있다.

### 6) 깨짐, 균열(Crack), 크레이징(Crazing) 및 백화(白化)

#### (1) 특징

이들의 현상은 성형품 표면에 가는 선 모양의 금이 가거나 균열되는 것을 말한다. 이것은 모두 성형품의 잔류응력에 기인한다. crazing은 용융수지가 cavity에 충전될 때, 그 표면은 냉각되어 고화 또는 고점도층이 되나 중심부는 아직 온도가 높아 저점도층이 되는데 그 사이에 전단력이 생겨 고화되므로 잔류변형을 내장한다. 잠시 후 재료의 탄성한계 이상이 되었을 때 성형품에 가는 금이 나타난다. 이 잔금이 더욱 진행되어 보다 커진 상태가 crack이다.

성형품을 옥외에 방치하거나 도장 또는 접착용 용제에 담그거나 변형이 집중되는 무리한 조립공정을 하면 crazing이나 crack이 발생하는 것도 그 대부분이 내부응력에 기인한다. 내부응력은 투명한 성형품에서는 편광(偏光)광선을 쪼이면 무지개 모양의 줄무늬를 볼 수 있다. 또한 내부응력은 줄무늬의 조밀(粗密)로 잔류변형의 대소를 판정하면서 대책을 세우면 효과적이다.

이와 같이 잔류응력이 주원인이므로 이에 대한 대책은 응력의 발생을 매우 작게 하도록 재료, 금형성형조건, 성형품의 형상 등에 걸쳐 검토하고 대처하면 된다.

#### (2) 유의점

① 금형 및 제품설계가 나쁘고 급격한 살두께의 변화, 코너 부분이 날카로운 각, 나사나 재료의 흐름이 갑자기 바뀌는 장소가 있으면 난류(亂流)를 일으켜 응력이 발생하므로 crazing이 발생한다. 따라서 살두께는 서서히 변화시키고 코너부분은 곡률을 충분히 취하여야 한다.

② 금형의 연마가 나쁘거나 흡기구배가 부족하거나 언더컷이 있을 때는 이형하기 어렵다. ABS 수지나 내충격성 폴리스티렌 수지 등은 ejector 핀에 의해 밀리는 부분이 백화나 crack을 일으키는 경우가 있으므로 금형의 보수를 요한다. 또 금형에 밀착한 성형품을 이형할 때에는 내부가 강압(降壓)되어 중심부가 끌리는 외력이 작용하여 변형이 생기는 일이 있으므로 코어부에 통기구멍을 설치하거나 ejector 핀의 클리어런스(clearance : 틈새)를 크게 해서 공기가 들어가기 쉽게 하면 된다.

③ 유지시간을 길게 해서 sink mark나 기포를 없애려면 gate 부근에 밀도가 높은 부분이 생겨 과도한 잔류응력이 남게 된다. 이것은 노즐에 체크 밸브를 설치하거나 gate 단면적을 작게 하여

여분으로 수지의 주입이나 압력유지 시간을 줄이면 된다.

④ 금속 insert를 할 경우 수지가 수축해서 insert를 조이므로 insert에서는 가능한 한 둥글게 한다. 그렇지 않으면 insert 부근은 crack이 발생하고 큰 변형이 남는다. 금속 insert를 가열해서 성형하면 변형은 적어진다. 또 성형품을 풀림(annealing)하면 응력이 완화되어 용제에 의한 crazing 이나 insert부의 crack 발생을 적게 하는 효과도 있다.

## (3) 대책

### ① 이형불량(離型不良)으로 발생하는 변형

성형할 때 금형의 뽑기 테이퍼가 부족하거나 역테이퍼(reverse-tapered) 또는 연마가 불량하면 제품이 빠지기 힘들어 파손되거나 백화된다. 이 현상은 스프루(sprue)의 연마가 부족하여 고정형에 붙을 때와 이동측에 undercut을 붙여서 무리하게 빼낼 때 많이 생긴다. 제품이 불량할 때는 먼저 금형의 연마에 주의를 해야 한다. 또한 taper를 주어야 하고 성형품이 잘 깨지는 부분에 ejector 핀을 설치하여 제품이 구부러지지 않으면서 빠지도록 해야 한다.

특히 메타크릴 수지 성형품은 수지 자체가 깨지기 쉬우므로 표면광택을 얻고자 할 때에는 금형에 크롬 도금을 한다. 도금은 전기적 영향으로 모서리에 잘 붙는다. 도금에서 평면은 잘 안 되나 각이 진 곳에 역테이퍼가 생길 경우도 있다.

### ② 과잉충전에 의한 변형

성형할 때 sink mark를 막기 위해 금형에 수지를 너무 많이 공급하면 성형품의 내부변형이 커지고 수축량이 적어 깨지기도 쉽다. 이것을 오래 방치하면 내부변형으로 crazing이 나타나기 쉽다. 과잉충전의 제거는 수지온도와 금형온도는 높이고 사출압력을 내려 금형에 수지가 쉽게 들어가게 한다. 그러나 성형품의 형상 등으로 인한 과잉충전 성형시 crazing의 발생을 막기 위해서는 성형 후 성형품을 가열 풀림(annealing)하여 내부변형을 제거하는 것이 좋다.

### ③ 냉각 불충분에 의한 변형

성형품을 고화가 덜된 상태에서 밀어내면 ejector pin의 주위가 깨어지거나 백화가 생긴다. 이에 대한 대책은 냉각을 충분히 하거나 혹은 금형의 냉각방법을 개선하는 방법이 있다.

### ④ insert 주위가 깨지는 변형

Insert를 넣고 성형할 때, insert는 성형중에 수축하지 않고 수지만 수축하므로 insert 주위에 응력이 집중하게 된다. 이 힘으로 insert가 완전히 유지되기도 하지만 그 힘이 너무 커서 insert 주위에 깨짐과 균열이 발생한다. insert 주위의 깨짐을 막기 위해서는 insert를 미리 가열하여 가능한 한 수축의 차를 작게 하거나 ②의 경우처럼 풀림을 한다.

## 7) 웰드 라인(Weld Line ; Weld Mark)

## (1) 특징

Weld line은 용융수지가 금형 내를 분기해서 흐르다가 합류한 부분에 생기는 가는 선을 말한다.

이 선은 1개의 gate로 흐르게 해도 도중에 구멍이 있거나 insert가 있고 플래시(덧살)가 있을 때에 발생한다. weld line은 2개 이상의 gate로 성형할 경우도 포함시켜 gate 위치를 바꾸어 눈에 띄지 않는 장소로 이동시키는 것 이외에 다른 방법이 없다.

Weld line은 분기해서 흐른 용융수지의 선단부가 다시 합류할 때까지 냉각되어 온도가 저하되어 있으므로 완전히 융합하기 어려워 합류부에 줄이 발생하는 것이다(그림 2-45). 그리고 수지 중의 수분이나 휘발분과 이형제에서 수지가 끓어 넘쳐 흘러 합류하는 경우도 다른 요인 중의 하나이다.

Weld(웰드) 부분은 융합이 완전하지 않을 때에 강도가 저하하므로 설계면에서 반드시 고려해 두어야 한다.

### (2) 대책

① weld line의 위치 불량

Weld line이 제품의 강도상 혹은 외관이 좋지 않은 곳에 발생하는 경우가 있는데 weld line을 gate와 제품형상으로도 제거하기 곤란한 경우는 적당한 위치로 옮기거나, gate의 크기를 변동시켜 불균형으로 해주기도 하고, 또는 제품의 두께를 변형시키는 방법도 있다.

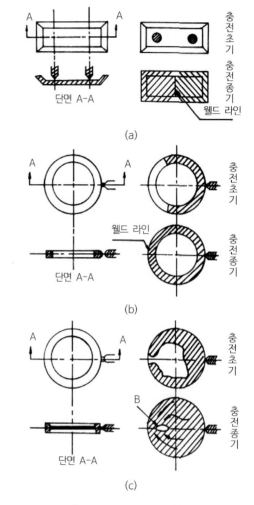

**그림 2-45** Weld Line 발생 예

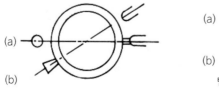

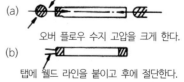

(a) 에어벤트
오버 플로우 수지 고압을 크게 한다.
(b) 탭에 웰드 라인을 붙이고 후에 절단한다.

**그림 2-46** Weld Line 개량책의 예

예를 들면, 캐비닛(cabinet)은 윗면 또는 측면의 weld mark는 좋지 않으나 밑바닥의 weld mark는 그다지 문제되지 않는다. 이러한 weld mark는 ②항을 참조하라.

② 수지의 흐름이 부족할 때

수지의 흐름이 부족하면 weld line 부분은 수지온도가 낮아지므로 압력이 감소되고 weld line 이 커져 성형품의 강도가 저하한다. 이때 weld line의 위치는 그대로 두고 그 농도를 엷게 하거나 강도를 높이고 외관상 또는 강도상 지장이 없게 수정한다. 이 대책은 접합부까지 고온과 고압의 plastic이 흐르도록 그대로 유동저항을 내리고 수지온도를 높여 유동성을 증가시킨다. 또한 사출속도를 높여서 냉각되기 전에 접합부에 유동수지가 도달하게 한다. 금형온도를 높이고 plastic의 냉각을 적게 하여 gate를 넓히는 방법도 있다. 또한 웰드부 사이에 제품의 두께를 증가시켜 유동저항을 감소시킨다. 수지를 유동성이 좋은 것으로 바꾸면 weld line이 엷어진다. 또한 경우에 따라 다점(多点) gate는 weld 마크가 발생했지만 1점(一点) gate 성형으로 weld mark를 제거할 수도 있다.

③ 공기 또는 휘발분의 유입

Weld line은 피할 수 없는 것이기는 하지만 공기 또는 휘발분을 밀어 보내면서 진행하기 때문에 가스가 빠지는 장치가 불량하면 weld line이 크게 발생한다. 이 현상이 강하면 충전부족이 생겨 성형품이 타버린다. 이때는 가스가 빠지도록 insert 틈새를 이용하여 판을 설치한다. 가스 때문에 weld line이 강하면 insert의 틈새를 수정하여 사출속도를 느리게 하면 weld line이 없어질 수도 있다.

④ 이형제에 의한 불량

금형면의 이형제는 용융한 수지를 따라 weld line 부분에 보내져 용융수지의 접합을 방해하므로 weld 부분이 크게 된다. 실리콘계 이형제는 이 현상이 많이 나타나는데 weld 부분이 크게 되면 제품이 힘없이 깨진다.

⑤ 착색제(着色劑)

알루미늄박(aluminum foil)과 펄(pearl) 착색제가 들어간 펠레트(pellet)로 제품을 성형하면 weld line은 그 착색제의 성질상 뚜렷하게 나타난다. 이때, weld 부분이 없도록 설계하여 제거한다.

## 8) 플로우 마크(Flow Mark)

### (1) 특징

Flow mark는 금형 내에서 수지가 흐른 자국이 gate를 중심으로 얼룩 무늬가 동심원으로 나타나는 현상이다. 금형면에서 균등하게 수지가 고화하지 못하기 때문이다. 이 원인은 금형 내에 최초로 유입한 수지의 냉각이 너무 빠르기 때문에 다음에 흘러 들어오는 수지와의 사이에 경계가 생겨 발생한다고 생각된다. 이것은 수지의 정도가 지나치게 높고 수지온도와 금형온도가 불균일하거나 성형품의 살두께 변화가 많고 단(段) 차가 급한 것에 기인하고 있다.

### (2) 유의점

① 수지온도와 금형온도를 올려 수지의 점도를 내림과 동시에 유동성을 좋게 하여 사출속도를 빠르게 한다.

② 부분적으로 수지가 냉각되는 것을 막고 수지의 유동이 원활하도록 살두께 변화를 완만하게 한다.

③ 스프루, 런너, gate가 과소하고 또한 스프루, 1차 런너와 2차 런너가 분기하는 곳에 cold slug가 없으면 식은 수지가 충전되어 flow mark가 되므로 단면적을 넓히고 또한 cold slug(slug well)를 붙인다(그림 2-47).

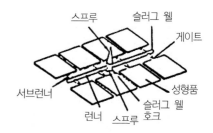

**그림 2-47** Slug well을 내는 방법

### (3) 대책

① 수지의 점도가 너무 클 경우

수지의 점도가 너무 클 때에는 수지가 금형면에 접촉 즉시 교환한다. 그렇게 하지 않으면 뒤에서 밀려오는 수지에 밀려 얼룩무늬가 생긴다. 이것은 성형조건으로 수지온도와 금형온도를 높여 해결한다.

② 수지온도가 불균일할 때

성형기의 노즐 주위에 남은 수지는 성형품을 빼낼 때 성형품과 제거되어야 하는데 수지가 남아 있을 때와 스프루나 런너에서 냉각된 수지가 금형 속에 들어가면 그림 2-48과 같은 현상이 생겨 플로우 마크가 된다.

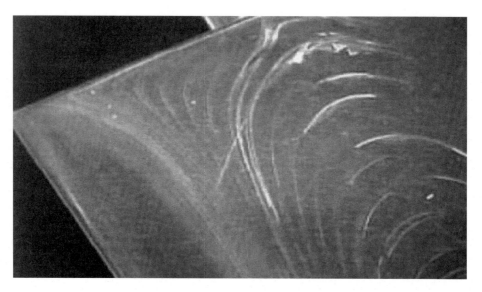

**그림 2-48** Flow mark

이것을 제거하려면 금형의 cavity에 처음부터 뜨거운 수지가 들어가도록 노즐 온도를 높이고 노즐을 잘 연마한다. 특히 금형의 콜드 슬러그 웰(湯溜, cold slug well)을 크게 하면 그 효과가 클 때가 있다.

③ 금형온도의 부적당

금형온도가 낮으면 수지가 즉시 고화하여 플로우 마크가 생긴다. 그 원인을 제거하려면 금형온도를 높이면 되는데 여기에서 필연적으로 사이클이 길어진다. 특히 두께가 얇은 부분은 금형면의 온도가 급히 내려가서 고화가 빨라지므로 플로우 마크가 잘 생긴다.

## 9) 실버 스트릭(은줄, Silver Streak)

### (1) 특징

이 현상은 성형품의 표면 또는 표면 가까이에 수지의 흐름방향으로 발생하는 매우 가는 선의 다발로 투명재료에서는 은백색의 선으로 흔히 보이는 현상이다. 폴리카보네이트, 폴리염화비닐, ABS 수지 등에 흔히 발생한다. 이 원인은 수지 중의 수분, 휘발분, 수지의 분해, 이종 재료의 혼입 등인데 재료의 건조를 완전히 하면 된다.

### (2) 유의점

① 수지 중의 수분과 휘발분은 실버 스트릭으로 될 뿐만 아니라 전술한 플로우 마크, 광택불량이나 기포발생의 불량현상도 함께 발생하므로 재료를 완전히 건조시키면 된다. 건조는 재료의 연화점 이하에서 하는데 일반적으로 80~85℃에서 3~4시간이 적당하다.

② 실린더 내의 재료가 퍼지는 것은 물론 이종 재료의 혼입에 주의한다. 수지온도를 내리고 금형온도를 올려 윤활제의 사용량을 조절한다.

③ 가스빼기도 충분히 한다.

### (3) 대책

① 수분 및 휘발분

건조가 불량한 수지로 성형하면 실린더 내에서 수분과 휘발분이 기화(氣化)하여 노즐에서 수지와 함께 나온다. 이 가스와 혼합된 수지가 금형면에 접촉되어 고화될 때 금형과 수지가 완전밀착이 안 되어 수지의 흐름방향에 은줄, 즉 실버 스트릭이 제품에 나타난다. 이 현상은 쿠션량이 부족할 때 특히 많다. 이를 방지하기 위해 건조를 충분히 하고 수분과 부착을 제거해야 한다. 장마 때와 같이 공기중의 습도가 높을 때는 호퍼가 젖어 실버 스트릭을 발생시키는 수가 있다. 또 두께가 두꺼운 제품은 가스가 빠지기 어려워 실버 스트릭이 자주 생긴다. screw 형식도 실버 스트릭의 발생에 관계가 있지만 같은 조건하에서도 screw 형식에서는 다르게 발생한다.

② 수지의 분해

수지 또는 수지에 첨가되는 안정제와 대전방지제(帶電防止劑) 등이 분해하여 가스가 나와서 ①과 같이 수분의 건조 불충분으로 생기는 이유와 동일하게 실버 스트릭을 발생한다. 이때는 수지가 분해하지 않게 수지온도를 내리고 성형과 동시에 실린더 내에 체류하는 시간을 짧게 한다.

③ 공기 흡입

호퍼에서 펠레트와 들어간 공기는 스프루와 실린더 사이의 틈새 혹은 플런저와 실린더 사이 뒤쪽으로 빠지는 것이 보통이다. 그러나 플런저식 사출성형기는 공기나 노즐 쪽으로 나오는 것은 거의 없으나, screw식 사출성형기는 가끔 공기가 노즐방향으로 빠지면서 가스가 들어간 수지가 나오게 되는데 금형면의 밀착이 나빠 실버 스트릭이 발생한다.

이것의 해결방법은 호퍼 밑의 온도를 낮춘다. 또한 가열 실린더 뒷부분의 온도를 내리고 screw 회전수를 증가시키고, 배압(背壓)을 높인다.

④ 수지온도의 저하

금형에 들어가는 수지의 온도가 낮으면 플로우 마크로 나타나는데 금형에 따라 실버 스트릭으로 되는 수가 있다.

⑤ 금형면의 수분 및 휘발분

금형면이 수분으로 오염될 때 수지가 기화하여 실버 스트릭을 발생시키고 제품에 흐름이 뒤따르므로 실버 스트릭의 결합은 흐름의 불량만 해결하면 동시에 해결된다.

⑥ 수지의 분말

수지가 펠레트 현상이 아니고 분말현상으로 성형시 파우더 성형 혹은 다량으로 분말형상의 수지가 혼입된 펠레트의 성형은 분말용의 압축비가 크고 공기가 호퍼로 흡입되기 쉬우므로 ③의 방지조건대로 한다.

⑦ 이종(異種) 수지 혼입

서로 용융점이 다른 두 종류의 수지를 혼합 성형하면 층상박리를 일으키는데 경우에 따라 실버 스트릭으로 나타난다. 이것의 해결은 스프루와 실린더를 청소하거나 오염된 펠레트의 사용을 금지해야 한다.

## 10) 태움(Black Spots)

### (1) 특징

태움은 금형 내의 공기가 압축과 고온으로 인한 열로 수지가 타는 현상이다. 용융수지가 금형 내를 흐를 때 공기가 빠지는 길이 없는 장소(보스, rib 등의 깊은 파기)나 weld line이 발생하는 부분에서 에어 벤트를 설치하는 것이 가장 좋은 수단이다. 이때는 사출속도를 느리게 하여 공기의 파팅 라인(parting line)을 통한 배기, 시간을 주는 방법과 금형구조를 개량하여 insert의 틈새, ejector 핀의 틈새, 파팅 라인에 설치한 얇은 홈을 만든다. 이 경우 수지의 유동성이 저하해서 충전부족이나 플로우 마크가 발생하는 경우가 있으므로 주의하여야 한다.

## 11) 검은 줄(Black Streak)

### (1) 특징

검은 줄은 성형품의 내부에 수지나 수지 중의 첨가제 또는 윤활제가 열분해하고 공기가 말려 들어가서 성형품이 검은 줄 모양으로 타서 나타나는 현상이다. 이 원인은 수지나 첨가제의 분해와 태움 및 이물의 혼입때문이다.

### (2) 유의점

① 성형 사이클이 길 때와 성형기의 용량에 비해 성형품이 과소할 때 재료가 과열되어 분해 또는 태움을 일으켜서 생기는 경우가 많으므로 주의하여야 한다.
② 실린더 내부나 스프루에 흠이 있으면 마찰열도 가해져 산화되어 검은 이물이 되고 수지에 섞이면 검은 줄이 되므로 주의하여야 한다. 이 대책에는 충실한 관리가 필요하며 미리 충분히 재료로 퍼지(purge)해 두면 된다.
③ 금형의 공기 배기를 충분히 해두고, 사출속도를 늦추고, 수지온도 사출압력을 내린다.
④ 윤활제 등의 가연성 휘발분을 함유한 것은 극력 피하거나 사용량을 줄인다.

### (3) 대책

① 수지의 열분해
   수지 자체 또는 수지에 첨가된 자외선 흡수제와 대전방지제(帶電防止劑)가 실린더 내에서 과열 또는 오랫동안 체류하면 열분해로 검은 색이 된다. 이것이 노즐에서 나오면 제품에 검은 줄이 생긴다. 이것의 해결은 수지온도를 내려 성형시 실린더 내에 수지가 오래 체류하지 않도록 한다. 플런저식 사출성형기보다 screw식 사출성형기를 사용하는 것이 좋으나 성형시 가끔 성형기를 깨끗이 청소한다. 특히, 대전방지제는 수지 자체보다 내열성이 나쁘기 때문에 혼입 수지를 사용시 수지온도에 주의한다.
② 공기의 단열 압축
   실린더 내의 공기가 단열압축과 고온으로 검은 줄이 생긴다. 이것은 사출성형용 수지 이외의 미끄럼이 불량한 펠레트를 사용했을 때에만 생기는 현상이다.
③ 가열 실린더의 소손(燒損)
   가열 실린더나 체크 밸브가 타서 못쓰게 되거나 그 틈새에서 타버린 수지가 나와 검은 줄이 생기는 경우가 있다. 이때 신속히 그 부분을 수리하거나 교환한다.

## 12) 광택불량(표면흐림)과 가스얼룩

### (1) 특징

광택불량과 가스얼룩은 성형품의 표면이 수지 원래의 광택과 다르고 층상에 유백색의 막에 덮혀 안개가 낀 듯한 상태가 되는 현상을 말한다. 이 주원인으로는 금형의 연마 부족, 윤활제, 이형제의 과다 사용을 들 수 있다.

## (2) 유의점

① 고압으로 유입한 수지가 금형면에 접해서 성형품이 될 때 성형품은 충실히 금형면을 재생하므로 금형의 연마가 나쁘면 가는 요철(凹凸) 때문에 광택이 나빠진다. 투명성이 좋은 제품에서는 빛의 투과율이 나빠 투명성이 저하하기도 한다. 금형면을 연마하고 경질크롬 도금을 하는 것도 좋은 결과를 얻을 수 있다.

② 금형온도를 높일수록 광택은 좋아진다.

③ 윤활제나 이형제를 과도하게 사용하면 수지가 기화(氣化)되거나 또는 수지가 금형면에 응축해서 흐르게 되거나 금형과 수지의 밀착이 불충분해져 광택 불량이 되므로 적정량으로 조정해서 사용해야 한다.

## (3) 대책

① 금형 연마의 불량

성형품의 표면은 금형면을 그대로 재생하기 때문에 금형의 연마가 나쁘면 잔 요철은 광택이 나빠져서 투명제품은 광선의 투과율이 저하되고 투명성을 상실한다. 이것의 해결은 금형을 재연마하는 것이고, 완전 투명제품은 금형면의 크롬 도금을 하면 된다.

② 수지의 유동성 부족

수지가 금형 속에 사출되어 빨리 고화되면 금형면의 재생이 나빠져 잔 요철이 생기므로 광택불량이 된다. 이것의 해결은 수지온도를 높이고 사출속도를 증가시켜 금형온도를 높인다.

③ 수지중의 휘발분

수지중의 휘발분은 증발하여 금형의 차가운 면에 접촉시 응축하여 수지와 금형의 밀착이 저해되므로 금형면에 성형이 되지 못한다. 이것의 해결은 수지를 열분해로 가스의 발생을 멈추게 하여 수지를 건조시키면서 수분과 휘발분을 발산시킨다. 수지 또는 첨가제가 분해하지 않도록 수지온도를 내리고 실린더 안에서의 체류시간을 짧게 성형한다.

④ 금형면에 존재하는 이형제 영향

금형면의 이형제는 금형과 수지의 밀착이 저해되어 제품 표면에 흐림이 생긴다. 이 이형제의 과잉은 플로우 마크의 발생을 가져온다. 따라서 제품이 힘없이 깨지므로 이형제 사용을 규제한다.

⑤ 금형온도의 부적당

어떤 종류의 수지는 금형온도에 따라 광택이 변화한다. 즉, 어떤 온도에서는 광택이 나타나지 않지만 온도를 높이면 광택이 나는 수가 있다. 광택불량은 금형 온도를 광택이 나오는 온도까지 높여 해결한다.

## 13) 색의 얼룩

## (1) 특징

이 현상은 제품 표면의 색이 균일하지 못하여 얼룩지는 현상인데 원인발생에 따라 얼룩지는 장소가 달라진다. 즉 gate 부근에 발생하면 착색제의 분산불량(分散不良)이고, 표면 전체에 나타나면 열안정성(熱安定性)이다. 표면 또는 웰드부에 색이 얼룩지면 착색제에 의한 것이다.

### (2) 대책

#### ① 착색제의 분산불량

드라이 칼라(dry color)를 사용하여 텀블링(tumbling)으로 착색한 펠레트의 표면에 안료의 입자가 부착되어 있을 뿐이므로 특히 플런저식 사출성형기를 사용한 성형은 노즐에서 나온 상태로 안료가 수지 중에 균일하게 분산되지 못하여 gate 부분에 얼룩무늬가 발생한다. 이것의 제거는 드라이 컬러링(dry coloring)으로는 어렵고 겉모양이 중요한 제품은 착색 펠레트를 사용한다.

#### ② 열안정성 부족

이 현상은 수지에 사용한 착색제의 열안정성이 부족하여 열에 의한 변색, 퇴색 또는 수지 자체의 열안정성이 모자라 변색될 때 실린더 내의 온도가 불안정하기 때문이다. 이의 방지책은 실린더 내에서 수지의 체류시간을 짧게 하여 성형한다.

#### ③ 착색제에 의한 얼룩

알루미늄박, 펄(pearl) 착색제 등 박편(薄片)모양의 착색제는 수지의 흐름과 평행으로 되려는 성질이 있어 평면에 수지가 흐르는 면은 원하는 색조와 광택이 나타나지만 gate 부근과 gate 반대방향, weld 부분 및 수지흐름의 끝부분은 착색제가 분산하여 색조가 다른 부분과 달라진다. 보통 착색제로서는 눈에 띄지 않는 웰드 라인에도 색의 얼룩이 생긴다. 이 현상은 착색제 자체의 성질로 방지하기가 어렵다. 또한 제품의 설계 및 gate의 디자인에 따라서 weld 마크, gate 등 눈에 띄지 않는 곳은 이것을 제거하기 곤란하다.

알루미늄박과 펄 착색제 이외의 착색제라도 웰드부의 색얼룩이 발생하기 쉬우므로 다점(多点) gate는 그 중앙의 색얼룩 제거가 곤란할 때가 많다.

#### ④ 냉각속도에 의한 얼룩

결정성 폴리머는 냉각속도에 따라 결정도가 변화한다. 결정도가 낮을수록 투명성이 양호하고 두께에 따라 투명성이 변화하는 것을 피할 수 없다. 그 때문에 부분적인 결정도의 차(差)로 색의 얼룩이 나타난다. 이것의 제거는 매우 곤란하지만 안료에 의해 착색하거나 그 투명도의 차를 커버하는 이외에 좋은 해결방법은 없다.

### 14) 기포(Void), 핀 홀(Pin Hole)

### (1) 특징

기포 및 핀 홀은 성형품의 두꺼운 부분 내부에 생기는 공극(空隙)을 말한다. 이것은 제품이 고화할 때 외측이 먼저 냉각 고화하여 전체 용적보다 수지의 양이 줄어 용적 부분으로 내부에 진공의 구멍이 생기는 것을 기포라 한다. 이때 기포라는 말은 부적당하다. 왜냐하면 적어도 성형 직후 핀 홀 속에 공기는 들어있지 않다. 이 기포는 성형품에 있어서는 안 될 결함이지만 착색 불투명 제품은 문제될 것이 없다. 그러나 투명제품이나 다이렉트 gate(direct gate) 제품의 스프루 부분에 발생하는 기포는 제거해야 한다.

기포와 핀 홀은 또 하나의 발생원인으로 제품의 두꺼운 부분만이 아니라 전면에 생기는 작은 기포이다. 이것은 수지 중의 휘발분에 따라 생긴다. 그 생성하는 과정에 따라, ① 성형품의 비교적 두꺼운 부위에 발생하는 진공포(眞空泡)와 ② 수분이나 휘발분에 의해 발생되는 기포의 2종으로 대별된다.

①의 기포는 성형품이 식어 수축될 때 두꺼운 부위의 외측이 먼저 고화하기 때문에 늦게 고화하는 두꺼운 부위의 중심은 수지용적이 부족한 채 고화가 완료되므로 공간이 생긴다. 이 공간을 단순히 기포와 구분해서 일반적으로 핀 홀이라고 한다. 이 핀 홀(空洞)은 생성과정으로 보아 수축에 기인하고 있으므로 체적수축이 큰 폴리올레핀과 폴리아세탈에 많이 발생한다. 핀 홀과 기포는 투명한 성형품에서는 절대로 피해야 하는 것이지만 착색과 불투명품에서는 지장이 없는 경우가 많다.

### (2) 유의점

① 핀 홀의 개선에는 스프루, 런너, gate의 단면적을 크고, 짧게 설계한다. 플래시가 발생하지 않는 범위에서 사출압력을 높이고 충분히 유지시간을 준다. 유동성이 나쁜 재료는 금형온도를 높이거나 플로우 몰딩법을 활용한다. 그러나 이 개선책은 sink mark의 발생과 상반 관계이므로 양립하기 어렵다.

② 기포는 재료를 건조시켜서 수분과 휘발분을 제거하여 사용함과 동시에 윤활제나 이형제 사용의 과다를 피하는 것이 좋다.

③ 금형에 공기빼기를 완전히 한다.

### (3) 대책

① 압축 부족

압축 부족으로 sink mark와 같은 원인이 발생한다. 따라서 스프루, 런너, gate의 지름을 크게 하고, 수지온도는 내리고, 금형온도를 높인다. 또 유동성이 불량한 수지를 사용할 때는 사출 및 보압시간을 길게 한다. 그러나 사출속도는 느리게 한다. 이와 같은 조치가 두꺼운 제품이나 결정성 plastic은 pin hole을 방지할 수 없는 경우가 많다. 투명제품도 약간의 sink mark는 지장이 없기 때문에 기포를 내부에서 발생시키지 않고 외부로 발생시켜 sink mark로 만들기 위해 두꺼운 제품을 금형 중에서 고화하기 전에 빼내 뜨거운 물속에서 서냉하는 방법도 있다.

② 냉각 불균일

이 원인에 의한 기포도 4)의 (3)의 ④와 같이 냉각 불균일에 의한 sink mark의 발생과 같이 그 대책도 같은 방법으로 하지만 이론적으로 제거는 곤란하다. 그러나 제품설계 때 피할 수 있도록 하거나 뜨거운 물속에서 서냉하는 것도 한 방법이다.

③ 휘발분에 의한 불량

휘발분에 의한 불량이란 수지 중에 수분이나 휘발분 또는 실린더 내에서 수지나 그 첨가물의 분해로 기체가 발생할 때 노즐을 통해 수지와 함께 금형에 들어가 기포를 발생시키는 것이다. 휘발분이나 수분은 수지의 건조를 충분히 하고, 실린더 내의 가스가 잘 빠지게 배압을 높이고 호퍼 밑의 냉각을 잘한다. 열분해의 경우는 수지온도를 내리고 수지가 실린더 내에서 너무 오래 체류하지 않게 한다.

## 15) 투명도의 불량

### (1) 특징

투명도의 불량은 두 가지이다. 첫째로는 성형품 표면의 잔 요철과 둘째로는 성형품의 광선투과율의 저하이다.

### (2) 대책

① 표면의 잔 요철

투명도의 불량은 표면을 평활하게 함과 아울러 금형의 연마, 수지온도, 금형 온도의 상승 및 이형제로 방지한다.

② 수지의 변화에 의한 변형

수지나 첨가제가 실린더 내에서 분해하면 수지의 투명성이 변화한다. 이것을 해결하려면 수지 온도를 내리고 실린더 내에서 수지체류시간을 짧게 하여 열분해가 생기지 않도록 한다.

③ 수지의 결정도의 변화에 의한 불량

결정성 폴리머인 고밀도 폴리에틸렌, 폴리프로필렌, 나일론 등은 냉각속도에 따라 결정도가 변화한다. 투명도를 높이기는 매우 어렵다.

## 16) 이물 혼입

### (1) 특징

제품 중에 수지 이외의 이물이 혼입되어 있을 때 나타나는 현상이다.

### (2) 대책

① 원료 수지의 오염

펠레트, 드라이 칼라의 오염, 혹은 스크랩을 다시 사용할 때 오염이 생긴다. 또는 예비건조 중에 건조실에서의 오염이나 호퍼 속에서의 오염 및 투명제품은 공기중의 먼지나 이물이 혼입될 수 있다.

② 성형기 속에서의 오염

이 현상은 성형기계의 실린더, 스프루, 역류방지 링에 부착된 이물이 성형품에 혼입되는 것을 말한다. 특히, 투명제품은 역류방지 링에 수지가 부착하기 쉽고 조금씩 떨어져서 제품 속에 혼입된다. 투명 메타크릴 수지제품은 역류방지 링이 없는 스프루를 사용하는 것이 좋다. 또, 실린 더 벽 등의 산화로 녹슨 쇳가루가 떨어지면서 제품에 혼입되기도 한다.

### 17) Insert의 불량

#### (1) 특징

금속 insert를 매입할 때에는 여러 가지 불량이 발생한다. 이때에는 금속 insert 주위의 균열, 금속 insert의 휨, insert의 치수허용차를 충분히 검토한다.

#### (2) 대책

특히 관통 insert의 길이가 너무 길면 금형을 손상시키고, 너무 짧으면 수지가 파묻히거나 유입되 어 사용불량이 되므로 insert 치수의 허용차는 작게 한다.

### 18) 이형 불량

#### (1) 특징

이형불량은 금형에서 성형품이 떨어지기 어려운 현상이며, 스프루나 런너에도 생기는 경우가 있 다. 성형품에 변형을 남기고 crazing, crack이나 백화현상을 동반하는 경우가 있다. 이 원인은 빼기 구배의 부족, 언더컷과 금형의 지나친 냉각 등에 의한 이형저항의 증대이다. 또 금형의 연마불량과 과대한 사출압력이나 충전과잉도 한 원인이다.

① cavity, 스프루, 런너, gate 등 수지의 유로를 잘 연마하고 빼기구배를 크게 함으로써 이형저항 을 작게 한다.

② 사출압력, 수지온도, 금형온도를 내리고 과충전을 피한다. 성형품이 냉각에 의해 코어를 물고 있을 때는 금형온도를 조금 올리면 효과가 있다.

③ 스프루의 이형이 나쁠 때 노즐 터치 불량과 노즐 온도의 과냉각에 주의한다. 제품설계 또는 가 공제작의 잘못으로 빼기구배의 부족 혹은 역테이퍼 노즐 등이 없어도 성형품이 빠지기 어려울 때 무리하게 제품을 밀어내면 제품이 구부러지거나 백화와 균열 등이 생긴다. 특히 성형품이 고정측에 붙어 제품을 빼낼 수 없을 때도 있다.

#### (2) 대책

① 과충전

사출압력을 너무 올리면 성형시 성형수축이 잘 안 되어 금형에서 제품 뽑기가 힘들게 된다. 이 때 사출압력을 내리고, 사출시간을 짧게 하고, 수지 및 금형 온도를 내리면 이형하기 쉽다. 또 한 수지와 금형의 마찰을 적게하는 이형제를 사용하거나 금형 내부를 잘 닦고 ejector pin을 증 가시키기도 한다. 이형을 돕기 위하여 금형과 제품의 틈새에 압축공기를 넣어 이형시키는 수도 있다.

② 고정형에 붙음

이 원인은 두 가지로 노즐과 금형의 선단 사이에 걸려 고정측에 붙는 경우와 고정측의 저항이 가동측보다 크기 때문에 고정형에 붙는 경우이다. 노즐과 금형 사이의 저항은 노즐의 R 쪽이 금형의 R 쪽보다 크거나 금형이 정확히 노즐 중심과 맞지 않을 때 혹은 노즐 중심과 맞지 않거나 노즐과 금형 사이에 수지가 끼이는 경우 등이다. 어느 경우나 고화가 걸려서 생긴다. 제품 저항이 크면 연마와 언더컷 등은 수정하고 가동측에 Z핀 등을 장치하여 잡아당긴다. 그러나 금형설계상 이런 일이 발생하지 않게 배려한다. 또 금형온도를 고정시키고 고정측과 가동측에 온도차를 둔다.

## 19) 제팅(Jetting)

### (1) 특징

Jetting이란 gate에서 cavity에 분사된 수지가 끈 모양의 형태로 고화해서 성형품의 표면에 꾸불꾸불한 모양을 나타내는 현상이다. jetting은 사이드 gate에서 콜드 슬러그 웰이 없는 금형으로 gate에서 cavity로 유입하는 수지의 유속이 너무 빠르거나 유로가 너무 길면 생기기 쉽다. 그림 2-49에 표시되는 경과로 수지가 충전되는데 최초에 사출된 비교적 저온의 수지가 끈 모양인 채 고화하고 차례차례 사출되는 고온의 수지로 밀려 내려가게 되는데 융합 불충분한 상태로 표면에 나타난다.

일반적으로 수지가 gate에서 cavity로 유입하는 과정은 gate에서 점점 충전되어 가므로 수지의 흐름은 층상으로 된다라고 생각하면 jetting 현상은 재료와 금형설계(특히 gate 설계) 등의 상승에 의한 이상한 형태로서 벨트 플랙처라고도 생각된다.

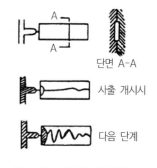

**그림 2-49** 두꺼운 부위의 jetting

### (2) 대책

① jetting 현상의 방지는 gate의 위치를 재료의 두께방향으로 cavity 벽의 근거리에 닿도록 설치한다(그림 2-50). 또 사

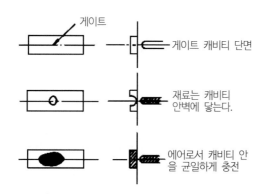

**그림 2-50** jetting 해소 대책 예

이드 gate에서는 cold slug well을 붙인다.

② 또한 gate부의 재료 유속을 느리게 하기 위해 gate 단면적을 넓히거나 성형기의 노즐온도의 저하를 막는다. 이 현상은 사이드 gate의 제품 중에서 cold slug well이 작은 금형에 많이 생긴다. 발생하는 원인은 성형이 시작될 때 노즐에서 나온 차가운 수지에 밀려 발생한 자국이라 생각된다. 금형과 노즐의 온도를 높여 성형하면 수정된다.

## 20) 취약(脆弱)

### (1) 특징

성형품의 강도가 본래의 수지강도보다 훨씬 약한 경우이다. 이 원인은 수지의 열화, 성형조건, 금형설계 등의 원인에 의해 생긴다.

### (2) 대책

① 수지의 열열화

Plastic은 분자량이 어떤 값 이하가 되면 충격강도가 급격히 작아져 약해진다. 이때 보통 수지 내에는 열분해를 막는 가공안정제가 들어 있는데 어느 한도에 있어서 너무 오랫동안 실린더 내에서 체류하든가 지나치게 높은 온도로 성형하면 열분해를 일으킨다. 또 원료를 재생할 때 여러 차례 가공하면 열이력(熱履歷)이 증가하여 분자량이 저하되고 약한 것으로 변동된다.

또한 유동성이 나쁜 원료에는 유동성을 좋게 하기 위하여 저분자량의 폴리머를 혼합하였기 때문에 이런 경향이 발생하기 쉽다. 열열화로 인한 취약을 피하기 위해서 분자량 저하를 발생하지 않도록 저온에서 성형할 수 있는 금형으로 하고 스크랩의 혼입을 피한다. 즉 스프루, 런너, gate를 선택하여야 한다. 스프루, 런너, gate를 크게 한다.

또 제품의 중량이 사출성형기의 용량보다 너무 작을 때는 과도의 체류시간이 생기므로 적정한 성형기를 선택하여야 한다. 부득이할 경우는 이따금 퍼지(purge)를 하여야 한다.

② 수지의 가수분해

흡습성(吸濕性)이 있는 plastic 중에는 흡습한 수지를 건조하지 않고 고온에서 성형할 때 가수분해를 일으켜 매우 취약한 제품이 되는 경우가 있다. 이 현상은 폴리카보네이트가 가장 심하여 폴리카보네이트의 건조는 충분히 해야 한다.

③ 수지의 배향(配向)에 의한 불량

사출성형시 수지의 분자는 흐름방향으로 배향하기 때문에 흐름방향은 강도가 강하지만 그 직각방향은 약하다. 그러므로 특히 두께가 얇은 제품은 사출속도를 빠르게 하고 사출압력을 강하게 성형하면 그 흐름방향으로 배향이 과대하여 배향이 평행하지 않게 된다. 이를 방지하기 위해 수지온도 및 금형온도를 높이고 사출 속도를 늦추어 성형한다.

특히, 결정성 폴리머는 그 배향의 현상과 성형수축값이 흐름방향과 직각방향일 때에는 많은 차이가 있어 평행으로 깨지는 현상이 더욱 심하다. 예를 들어, 중앙 1점 gate의 경우 성형품을 방치하면 gate를 중심으로 방사선 모양으로 깨지는 경우가 있다. 이것은 수지배향에 의한 결정이 뚜렷이 나타나는 경우이다.

④ weld mark

제품 중 weld부는 수지가 완전히 융해하지 못한 부분으로 본래 수지의 강도보다 작아진다. 따라서 weld mark의 제거방법을 강구하여야 한다.

⑤ 수지의 혼합이 불충분한 경우

수지의 혼합이 불충분한 경우 융합성을 갖는 plastic이라 하더라도 그 혼합이 성형기 내에서 불충분시 부분적으로 그 농도가 다르면 가압시 strain의 농도 차이가 있는 곳에 집중하여 약해져 깨지는 경우가 있다. 이 현상은 플런저식 사출성형기에서 생기기 쉽다. 이것을 제거하려면 혼합을 충분히 하고, 완전히 하려면 압출기에 한번 통하고 다시 펠레트화하면 된다. 특히 블렌드형에서는 성형할 때 그 성분이 분리되어 혼합 불충분과 같은 현상이 일어나기도 한다.

⑥ 흡습(吸濕)이 불충분한 경우

Plastic 중에는 건조한 상태에서는 취약하지만 흡습하면 강도가 커지는 것이 있다. 예를 들면, 나일론과 같은 폴리아미드가 이에 해당한다. 성형 직후의 성형품은 완전히 건조상태이므로 약하지만 공기중에 방치해 두면 흡습하여 강도가 강해진다. 이 제품을 성형 직후에 사용해야 할 경우 수중에서 흡수시키면 강도가 강해진다.

## 21) 박리(剝離)

### (1) 특징

박리는 성형품이 층상으로 겹친 상태가 되어 벗기면 마치 구름과 같이 층층으로 겹쳐져서 벗겨지는 상태를 말한다. 이 원인은 주로 이종수지의 혼합과 성형조건에 따라 일어나는데 라미네이션(lamination) 또는 층상박리라고도 한다. 이 원인은 서로 다른 재료(상용성이 나쁜)의 혼입이다. 폴리올레핀에틸렌 수지, 폴리스티렌 수지 등을 혼입하거나 같은 성형기로 상용성이 나쁜 수지를 교차 사용할 때에 발생한다. 특히 교차사용할 때는 실린더와 스프루의 헤드 부분에 타붙어서 남거나 성형 중에 간헐적으로 벗겨져서 혼입하기 쉬우므로 충분히 청소해야 한다. 수지를 사용한 후 폴리프로필렌을 성형하기 위해 실린더를 폴리프로필렌 50으로 깨끗이 하였으나 완전히 교환되지 않아서 스프루를 빼고 청소형 5온스를 사용한 예도 있다.

또 특수한 조건, 예를 들면 용융수지의 온도가 매우 낮을 경우에 같은 종류의 재료라도 유동의 표면층과 내부에 엇갈림이 생겨서 표층박리가 생기는 경우가 있으므로 성형온도의 관리를 충분히 해야 한다.

### (2) 대책

① 이종수지의 혼합

폴리스티렌(PS)과 폴리에틸렌(PE)과 같이 융합될 수 없는 수지를 혼합할 때 박리현상이 일어난다. 이 혼합의 발생은 실린더 내의 혼합시, 즉 청소가 불완전해 원료 자체가 오염된 경우도 있다. 이 원인은 앞의 설명과 같이 아주 분명하여 이종수지를 충분하게 퍼지하든가 실린더 안을 청소하는 것이 가장 좋다. 때로는 퍼징 컴파운드(purging compound)에 의해 발생하는 수도 있으므로 주의해야 한다.

② 성형조건의 불량

성형조건에서 수지온도가 매우 낮고 금형온도도 매우 낮을 때 성형하면 접촉한 수지가 즉시 고화하여 박리현상을 일으킨다. 이것의 해결은 수지온도 및 금형온도를 높이고, 고화를 더디게 하여 성형하면 좋은 결과를 얻을 수 있다.

### 2.3.3 성형불량과 금형개선 대책(예)

| 불량 현상 | 개선전 | 개선 방안 |
|---|---|---|
| | | |
| | | |
| 크고 복잡한 모양의 리브는 불필요하다. 얇은 부위의 과열 때문에 표면불량 및 성형주기가 길어질 수 있다. | | |

| 불량 현상 | 개선 전 | 개선 방안 |
|---|---|---|
| 게이트가 성형품의 얇은 쪽에 위치하면 캐비티를 완전히 충전시키기 어렵다.<br>결과 : 수축현상, 기포, 휨, 치수불량 | 게이트 | 문제해결의 두 가지 방법은 :<br>A) 게이트를 두꺼운 부위로 이동 (캐비티 충전을 위해서 사이클타임이 길어질 수 있다)<br><br>B) 성형품의 살빼기<br><br>가급적 B)가 추천된다. |
| 과도한 두께 또는 불균일한 두께는 휨, 싱크마크, 기공, 치수 불량을 유발하고 성형 사이클을 길게 한다. | | |
| 성형품에서 기어의 크라운을 후가공하는 것은 문제가 발생할 수 있다 (특히 기어 이(齒, tooth)가 큰 경우). 크라운의 두께가 크기 때문에 고가의 정밀성형이 필요하고, 크라운에 기포가 발생하면 기어의 이가 매우 약해진다. | | |
| 게이트 위치는 적정하나 가운데 웨브가 너무 얇다.<br>결과 : 기포와 휨<br>=물성 저하, 마모 증대<br><br>중앙 게이트 | 웨브 (web)<br>중앙게이트 | 웨브 두께를 키움으로써 문제를 해결할 수 있다. 때로는 중간에 리브를 보강하여 바깥쪽의 충전을 강화할 수 있다. |

| 불량 현상 | 개선전 | 개선 방안 |
|---|---|---|
|  벽의 두께가 두껍거나 솔더가 얇은 베어링은 필히 피해야 한다. 게이트가 적절하더라도 성형주기가 길어지며 또한 게이트와 성형주기가 적절하더라도 싱크마크와 변형을 초래한다. |  | 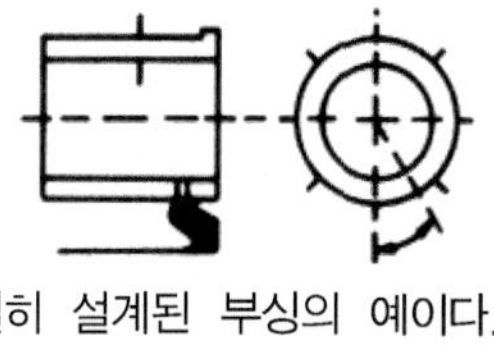 적절히 설계된 부싱의 예이다. 왼쪽 그림과 같이 솔더는 여러 개의 작은 돌출부로 대체되었다. |
| 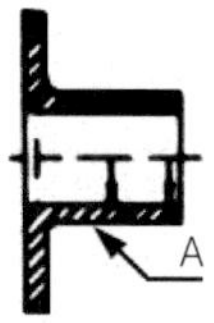 플라스틱 고유의 유연성 때문에 이러한 일체성형된 지지 구조물은 A 면적에 집중적으로 하중이 걸린다. 상대적으로 높은 하중을 받는 부싱의 경우 마모 및 용융이 A면에서부터 개시되어 전체가 파괴된다. | 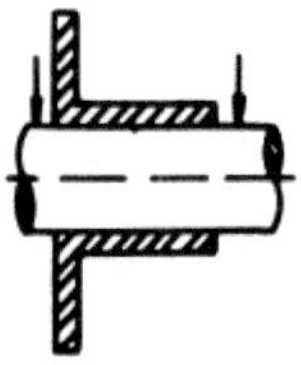 | 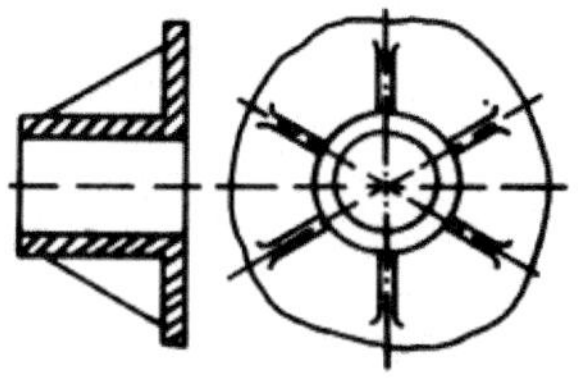 내경부위에 싱크 마크가 생기지 않을 만큼의 리브를 보강하면 도움을 받을 수 있다. |
|  플라스틱제 헬리코이드, 웜, 베벨 기어는 높은 토크가 걸리면 옆 방향의 힘 때문에 휘게 되며, 기능성의 저하를 초래한다. | 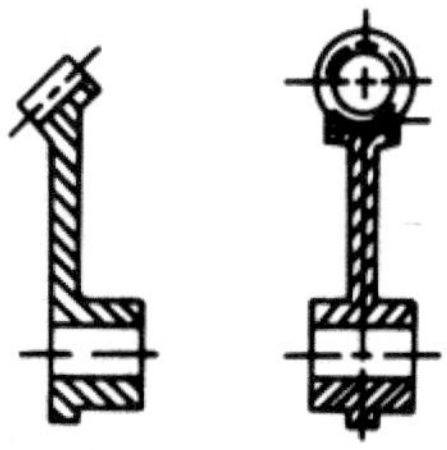 | 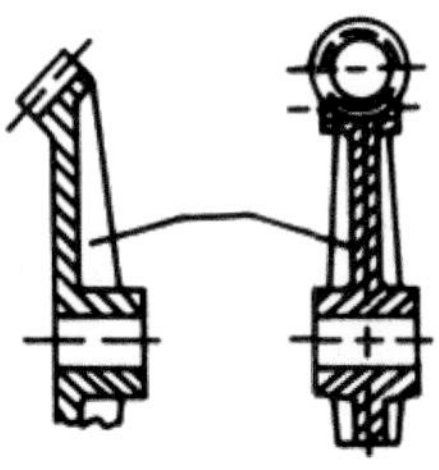 적절하게 리브를 보강함으로써 벤딩을 방지할 수 있다. |
| 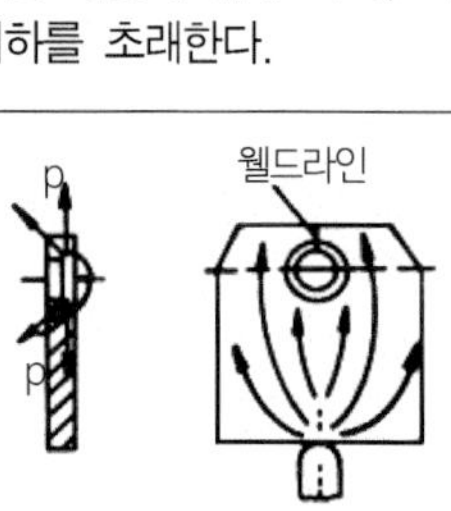 웰드라인이 가장 약한 부위에 위치하고 있다. 또한 원추형 나사 머리에 의해 측방 응력이 발생되었다. 이 부품은 나사를 조일 때 웰드 라인을 따라 파괴될 수 있다. | 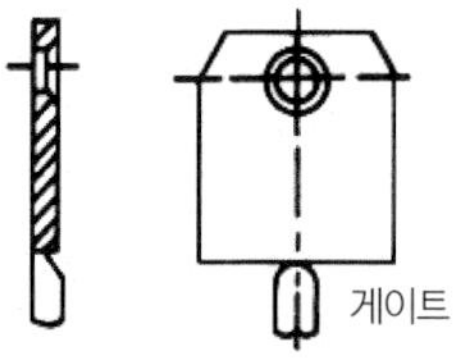 | 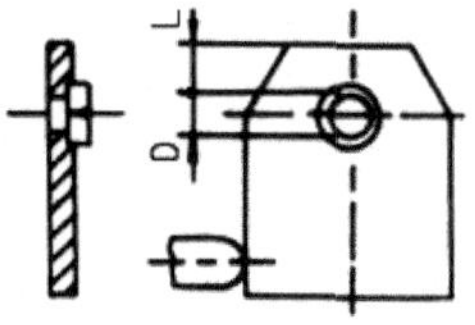 "L"은 D보다 같거나 크게 되어야 하며, 나사 머리부를 평면화함으로써 측방 응력을 없앤다. 게이트 위치를 변경하는 것도 도움이 된다. |

| 불량 현상 | 개선전 | 개선 방안 |
|---|---|---|
| "O"링을 축방항으로 압축하기 위해서는 매우 큰 하중이 걸리며, 플라스틱 플랜지의 변형 및 크리프를 초래한다. 이러한 효과는 길이가 증가할수록 커진다. | | "O"링이 방사형으로 압축되고 있다. 크리프를 줄이기 위한 다른 방법은 : <br> 1) 플랜지에 리브를 보강하는 방법 <br> 2) 볼트 아래에 금속 링을 설치하는 방법 |
| 스크류 6개를 사용하는 조립공정을 간소화하고 싶다. (내압은 높지 않다.) | 셀프탭핑스크류 | |
| 이러한 인서트는 항상 피해야 한다. 수축 및 후 수축에 의해 크랙이 발생할 수 있고, 외부 진원도를 떨어 뜨린다. | 금속 인서트 | 정교한 원형의 널링 가공된 인서트가 추천된다. 인서트에는 날카로운 모서리가 없어야 한다. |
| 응력이 걸릴 때 플래시가 생긴 부위부터 크랙이 발생될 수 있다. | 금속 인서트 | 플래시를 줄이기 위하여 메탈 인서트의 두께 및 평면도에 대한 공차를 줄여야 한다. |

| 불량 현상 | 개선전 | 개선 방안 |
|---|---|---|
| 플라스틱에 큰 응력이 발생된다. 특히 PTFE 테이프나 원추형 나사 홈이 이용된 경우 응력이 더욱 커진다. | 플라스틱   금속 | 일반적으로 엔지니어링 플라스틱은 인장응력보다 압축응력에 저항이 크다. 나사 홈은 플라스틱의 외부에 가급적 설계되어야 한다. "O"링을 넣음으로써 밀착시킬 수 있다. |
| 스냅 피팅시에 응력이 두 슬롯(slot) 부위에 집중된다. 이 부품은 결합시 또는 사용시에 파괴될 수 있다. | | |
| 조립시에 응력집중이 발생한다. 플라스틱 돌출부는 조립시 또는 사용시에 파괴될 수 있다. | | |
| 복잡한 형상의 경우, 금형에서 취출시 변형되거나 갈라지게 된다. 언더컷의 코어가 있는 경우 금형이 복잡하고 비싸지게 된다. | 언더컷 | 금형 내 언더컷을 없앴다. L : L1의 비가 커질 경우 리브를 추가할 수 있다. |

| 불량 현상 | 개선전 | 개선 방안 |
|---|---|---|
| 내압에 의해서 용기부분이 뚜 껑보다 먼저 변형되어 결합력을 잃게 되고 밀봉성이 파괴된다. | | |
| 언더컷이 없는 금형을 제작하고 싶다. | | 구멍 "A"는 사용시 기능은 없으나 금형을 단순하게 만들기 위해 설계되었으며, 이로 인해 2단금형으로 가능케 되었다. 이러한 개선책으로 리브 "B"를 보강할 수 있게 되었다. |
| 아무리 낮은 토크가 걸리더라도 세트 스크류는 사용해서는 안 된다. 플라스틱 나사홈이 조립시 또는 사용시 크리프로 인하여 부서지게 된다. | | 여기 두 가지 대안이 제시되어 있다. 전달되는 토크에 따라 선택할 수 있다. |
| 나사가 있는 인서트는 문제를 해결하지 못한다. 주위에서 플라스틱의 크리프가 발생한다. | | 여기 두 가지 대안이 제시되어 있다. 전달되는 토크에 따라 선택될 수 있다. |

# CHAPTER

# 03

# 제품설계
## (요구특성과 재료의 선택)

# chapter 03 제품설계(요구특성과 재료의 선택)

## 3.1 재료선택의 기준

### 1) 정적 사용환경

주로 재료의 강성(剛性)과 강도가 선택의 기준이 된다. 일반적으로 플라스틱 재료는 강화재의 첨가로 위의 특성은 향상된다(그림 3-1, 3-2 참조). 따라서 재료선택의 폭이 넓다.

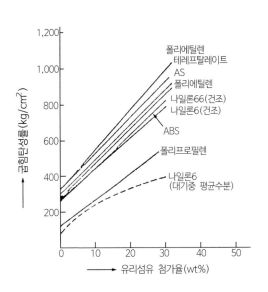

**그림 3-1** 각종 GRTP의 굽힙탄성률

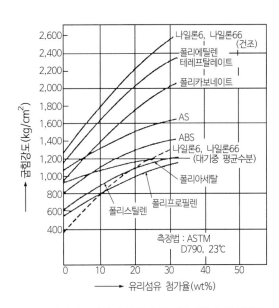

**그림 3-2** 각종 GRTP의 유리첨가율과 굽힘강도

## 2) 동적 사용환경

강성, 강도뿐만 아니라, 동적거동(動的擧動)으로서는 충격적 부하(負荷)에 대한 에너지 흡수나 진동에 대한 거동, 특히 온도 시간 등에 대한 변화가 선택의 기준이 된다. 엔플라의 특성을 발견할 수 있는 환경이라 할 수 있다.

### (1) 내충격성

표 3-1에 유리섬유 함유 플라스틱의 노치(Notch)가 없는 충격치와 노치가 있는 충격치의 대비를 나타낸다.

금속재료 등과 비교해도 집중하중에 대한 타흔(打痕)이나 크랙발생에 대한 저항이 높고 또 섬유길이가 긴 FRP 등에 비교해도 수지상의 인성이 높기 때문인지 크랙발생저항이 높다.

**표 3-1**  GRTP의 충격치

| 플라스틱의 종류 | GF의 길이 | 유리함량 | | 인장 충격치 (ft · lb/in²) | 아이조드충격치 | |
| --- | --- | --- | --- | --- | --- | --- |
| | | wt% | vol% | | 노치있음 (ft · lb/in) | 노치있음 (ft · lb/in) |
| AS | | 35 | 18.6 | 30.0 | 1.1 | 4.0 |
| PS | | 30 | 15.1 | 19.0 | 1.1 | 2.0 |
| PC | | 40 | 23.9 | 75.0 | 3.7 | 18.0 |
| PC | 장섬유 | 40 | 23.9 | 63.0 | 3.5 | 14.0 |
| PE | | 30 | 13.9 | 28.0 | 2.0 | 9.0 |
| 폴리설폰 | | 30 | 16.8 | 63.0 | 1.8 | 14.0 |
| PP | | 30 | 13.2 | 28.0 | 1.3 | 5.0 |
| 나일론 6 | | 30 | 16.1 | 90.0 | 2.3 | 20.0 |
| 나일론 6 | 장섬유 | 30 | 16.1 | 70.0 | 3.0 | 18.0 |
| 나일론 610 | | 30 | 15.4 | 100.0 | 2.4 | 22.0 |
| 나일론 66 | | 30 | 16.1 | 85.0 | 2.0 | 17.0 |
| | 장섬유 | 30 | 16.1 | 80.0 | 2.5 | 17.0 |
| PUR | | 40 | 24.7 | 100.0 | 9.0 | 28.0 |
| PVC | | 25 | 15.0 | 35.0 | 1.1 | 8.5 |
| PETP | | 30 | 18.8 | 33.0 | 1.6 | 10.0 |

※ 나일론은 모두 건조상태에서 측정한 것이다. GF의 길이에서 긴 섬유와 특기한 것은 제법의 차에서 평균 길이가 조금 긴 것으로 CF의 분산이 나쁜 타입이다.

### (2) 피로

피로강도도 단섬유강화에 의해서 개량효과가 큰 성질로 강화재 함유율과 함께 향상되고 있다. 크리프 변형과 같이 수지상의 영향을 받는다는 편지양진평면(片持兩振平面) 굽힘에서 정하중하(定荷重下)에서의 결과이다(그림 3-3).

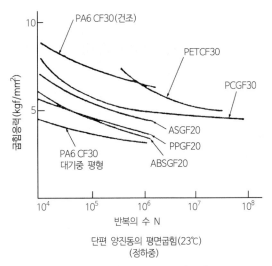

**그림 3-3** 각종 FRTP의 피로강도

## 3) 열적 사용환경

열적 특성에는 기초적 물성치로서의 비열, 열전도율, 선(線)팽창계수나 실용적인 의미로의 내열성, 연소에 대한 성질(난연성) 등이 있다. 주로 수지의 성질에 좌우된다.

### (1) 비열(比熱)

수지의 비열은 0.2∼0.5 kcal/kg℃(또는 0.8∼2 kJ/kg・k)이다. 상온에서의 GF의 비열은 0.19 kcal/kg℃, CF는 0.17 kcal/kg℃로 동일체적에서는 그다지 수지와 차이가 없다. 비열은 본래 가성성(可成性)이 성립하는 특성이 있다.

### (2) 열전도율

열전도율은 금속에 비교해 꽤 작지만, 강화재의 첨가에 따라서 다소 개량되었다(표 3-2 참조)

**표 3-2** 단섬유강화의 열전도율                                    (단위 : kcal/mh℃)

| 재 료 | 열전도율 | 복합계 | | 기 타 |
| --- | --- | --- | --- | --- |
| | | 유리섬유(1.1) | 유리섬유(1.8∼9) | |
| 나일론 6 | 0.21 | 0.43(40%) | 1.04(40%) | |
| 나일론 12 | 0.25 | 0.21(30%) | | |
| PPS | 0.25 | 0.34(30%) | 0.65(30%) | |
| PSU | 0.22 | 0.27(30%) | 0.68(30%) | |
| PP | 0.11 | 0.28(30%) | | 0.30<br>(탄산칼슘 33%)<br>(목분(木粉) 33%) |

※ 철 : 5.0, 알루미늄 : 18, 탄화칼슘 : 2, 목재 : 0.1∼0.35

### (3) 선팽창계수

선팽창계수는 강화재 첨가에 의해서 크게 감소한다. 이 때문에 수지의 치수안정성의 문제는 복합계에서 크게 개량되어 기계구조용 재료로서의 용도로도 사용할 수 있게 되었다. 다음 식에서 섬유배열방향의 값을 추산할 수 있다. 표 3-3에 플라스틱 및 금속의 선팽창계수를 나타낸다.

**표 3-3** 플라스틱 및 금속의 선팽창계수

| 재 료 | 선팽창계수($10^{-5}$/℃) | |
| --- | --- | --- |
| | 비강화형 | FATP (GF30%) |
| PS | 6~8 | 2.8 |
| AS | 6~7 | 2.8 |
| ABS | 7~12 | 2.8 |
| PE(고밀도) | 11~13 | 3.24 |
| PP | 6~11 | 3.8 |
| PC | 7 | 2.7 |
| POM | 8 | 3.9 |
| 나일론 66 | 10~15 | 2.2 |
| 철강 | 1.2 | |
| 알루미늄 | 2.4 | |
| 동 또는 합금 | 1.7~1.9 | |
| 아연합금 | 3.0 | |

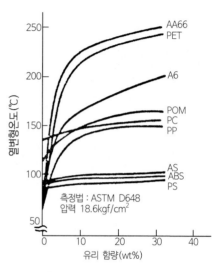

**그림 3-4** 유리함량과 열변형온도

### (4) 내열성

내열성에서는 단시간 특성으로서의 사용온도 한계, 장시간 특성으로서의 열적 열화가 있다. 어느 것이든 수지상의 성질에 지배되고, 특성치로서는 수지 본래의 성질 그대로, 특히 후자에 있어서 복합계의 개량효과는 인정되지 않는다. 그러나 단시간 특성쪽은 탄성률의 개량에 대응해서 부하(負荷)를 지탱하는 능력도 향상하고 있고 조금이나마 내열성은 개량된다. 그림 3-4는 각종의 FRTP의 GF첨가량과 열변형온도의 관계를 나타낸 것이지만, 비정성의 PS, AS, ABS, PC 등이 GF첨가에 의한 개량이 인정되지 않는 것에 대해서 결정성의 수지인 PA, PET, POM, PP 등은 약간의 GF첨가로 내열성이 크게 향상되었다. 이것은 결정이 몇 개의 GF를 포함시킨 형으로 그 융점까지 두세공(豆細工)구조를 유지하고 있기 때문이라고 생각된다.

### 4) 하중하의 사용환경

크리프 특성이 선택의 기준이 된다. 이러한 환경하에서는 보통 동적(動的) 작용이 이루어지므로 내마모, 섭동특성이 중요 항목이 된다.

## (1) 크리프 특성

크리프(Creep)는 일정응력하에서 재료가 시간과 함께 변형해가는 현상을 가리킨다. 말하자면 대립 관계에 있는 것이 응력완화(Stress relaxation)로 이것은 일정한 변형을 주어 그대로 유지시키면 내부 응력이 시간과 함께 감소하는 현상이다.

공학적으로는 구조가 고온에서 장시간 사용될 때에 그 변형이 어떤 한도 내에 있어야 하고 이 관점에서 크리프가 중요한 문제가 된다. 유리섬유 함유 엔플라의 한 예를 그림 3-5에 나타낸다.

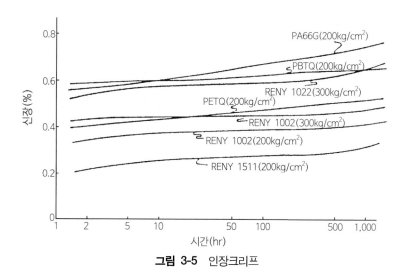

**그림 3-5** 인장크리프

## (2) 마찰마모특성

플라스틱재에 카본섬유나 유리섬유를 충전한 경우의 마찰마모에 대한 효과의 한 예를 표 3-4에 나타낸다. 카본섬유는 어느 재료에 대해서도 마모를 저하시키지만, 유리섬유는 폴리아세탈 등의 경우 반대로 증가시킨다. 그러나 불소수지의 경우는 매우 유효하고 무충전의 경우에 비교해서 1/100∼1/1,000로 마모는 저하를 나타낸다.

**표 3-4** 카본섬유와 유리섬유로 강화시킨 플라스틱재의 마찰마모

| 조 성 | 비마모량($10^{-10} cm^3/kg \cdot cm$) | 마찰계수 |
|---|---|---|
| PTFE만 | 470 | 0.25 |
| +30% 카본섬유 | 2.2 | 0.23 |
| +30% 유리섬유 | 1.9 | 0.34 |
| 나일론 66만 | 4.0 | 0.61 |
| +30% 카본섬유 | 2.5 | 0.35 |
| +30% 유리섬유 | 4.4 | 0.44 |
| 코폴리머만 | 3.0 | 0.65 |
| +30% 카본섬유 | 0.6 | 0.29 |
| +30% 유리섬유 | 9.8 | 0.47 |

| 조 성 | 비마모량($10^{-10}$ cm$^3$/kg · cm) | 마찰계수 |
|---|---|---|
| 페놀수지만 | 29 | 0.78 |
| +30% 카본섬유 | 2.3 | 0.35 |
| +30% 유리섬유 | 7.4 | 0.74 |

## 5) 전기특성이 요구되는 사용환경

엔지니어링 플라스틱은 전기적으로는 절연물에 속한다. 이들의 성질은 유전특성, 절연저항, 내전압, 내아크성 등이다. 엔지니어링 플라스틱이 전기절연성을 요구하는 구조재료로서 사용하는 경우는 상기의 성질을 고려해서 재료를 선택할 필요가 있다(표 3-5 참조).

**표 3-5**　엔플라의 전기특성

| 플라스틱 | 체적저항률 ($\Omega$cm) | 내전압 (kV/mm) | 유전율 ($60\sim10^6$Hz) | 유전정접 ($60\sim10^6$Hz) | 아크성 (sec) |
|---|---|---|---|---|---|
| 아세탈수지 | $1\sim6\times10^{14}$ | 20~50 | 3.7~3.8 | 0.004 | 129~240 |
| 아세탈수지 공중합체 | $10^{14}$ | 20~80 | 3.7 | 0.001~0.0015 | 240 |
| 폴리메타크릴산 메틸 | $>10^{15}$ | 16 | 2.7~4.5 | 0.015~0.050 | |
| AS수지 | $>10^{16}$ | 16~20 | 2.7~3.4 | 0.006~0.01 | 100~150 |
| ABS수지 | $10^{16}$ | 16~18 | 2.9~3.2 | | 82 |
| 연화·폴리에테르 | $10^{15}$ | 16 | 3.0 | 0.01 | |
| 디아릴프탈레이트 | $2\times10^{16}$ | 18 | 3.4~3.6 | 0.009~0.011 | 118 |
| 에폭시수지 | $10^{16}$ | 16~18 | 4.3~5.0 | 0.02~0.38 | 154~180 |
| 4불화 에틸렌수지 | $>10^{16}$ | 19 | 2.0 | <0.0002 | >300 |
| 3불화 염화에틸렌수지 | $10^{15}$ | 21 | 2.3~2.8 | 0.0012~0.0036 | >360 |
| 폴리우레탄 | $2\times10^{11}$ (50%.R.H) | 18~20 | 6.5~7.5 | 0.015~0.060 | |
| 나일론 66 | $4.5\times10^{13}$ | 15 | 3.4~4.1 | 0.01~0.04 | 140 |
| 나일론 6 | $3\times10^{13}$ | 17 | 3.4~4.0 | 0.01~0.03 | |
| 나일론 610 | $4\times10^{14}$ | 19 | 3.5~4.6 | 0.03~0.04 | 130 |
| 나일론 8 | $1.5\times10^{11}$ | 14 | | | |
| 페놀수지 | $10^{11}\sim10^{12}$ | 12~13 | 5~15 | 0.08~0.50 | 20 |
| 폴리카보네이트 | $2\times10^{16}$ | 16 | 2.96~3.17 | 0.001~0.01 | 120 |
| 불포화 폴리에스테르 | $10^{12}\sim10^{14}$ | 20 | 3.2~4.3 | 0.006~0.05 | 125 |
| 폴리에틸렌 | $>10^{16}$ | 18~20 | 2.35 | 0.0002 | >125 |
| 폴리아미드 | $10^{16}\sim10^{17}$ | 22 | 3.0~3.4 | 0.001~0.005 | 230 |
| PPO수지 | $10^{17}$ | 20~22 | 2.64~2.68 | 0.0007~0.0014 | |
| 폴리프로필렌 | $>10^{16}$ | 30~32 | 2.22~2.28 | 0.0002~0.0006 | |
| 폴리스티렌 | $>10^{16}$ | 20~28 | 2.5~2.6 | 0.0001~0.0004 | 60~80 |
| 폴리설폰 | $10^{16}$ | 17 | 3.10~3.14 | 0.0008~0.006 | 122 |

또 용도에 따라서는 도전처리한 재료를 사용하는 경우가 있고 도전화정도는 중요한 요인이 된다. 그림 3-6에 도전성 재료의 도전화정도와 용도의 관계를 예시한다.

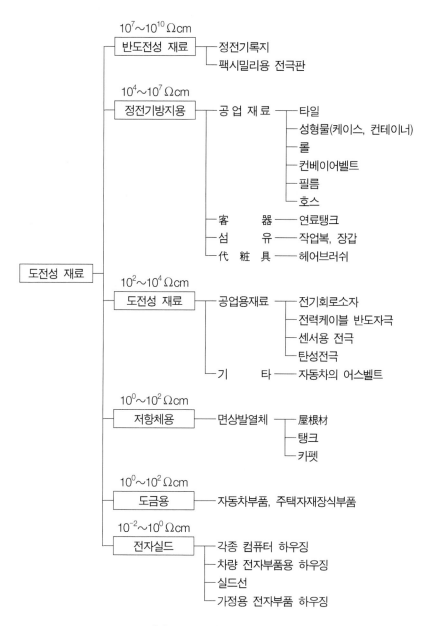

**그림 3-6** 도전성 재료의 용도 예

## 6) 자기특성이 요구되는 사용환경

마그넷 부재로서는 브러시레스 모터, TV 요크 등이 있고 현재 복사기용으로 실용화 되고 있는 마그넷류는 마그넷 피스 첩부형, 원통모양에 소결성형(燒結成形)된 세라믹 마그넷 롤러, 복합재료 마그넷이다. 표 3-6에 세라믹 타입과 복합타입 마그넷의 특성비교를 나타낸다.

**표 3-6** 세라믹형과 복합 마그넷의 특성 비교

| 구 분 | | 특성 비교 | | | |
|---|---|---|---|---|---|
| 1 | 종류 | 세라믹 타입 | | 복합 타입 | |
| 2 | 제법 | 소결, 절단 | | 압출성형, 사출성형 | |
| 3 | 바인더 | | | 나일론 염화비닐, 초산비닐 폴리메탈 니트릴고무 | |
| 4 | 자성분량 | 100wt% | | 85~90wt% | |
| 5 | 비율 | ≈5 | | ≈3.5 | |
| 6 | 자성분재질 | 바륨페라이트 | 스트론티움페라이트 | 바륨페라이트 | 스트론티움페라이트 |
| 7 | 자기배향 | | 이방화(異方化) | | 이방화(異方化) |
| 8 | 잔류자기 | Br 2,500G | 4,000 | 1,800 | 2,500 |
| 9 | 보자력 | Hc 1,800Oe | 3,000 | 1,500 | 2,000 |
| 10 | 에너지 | Max 1.2MGOe | 3.8 | 0.7 | Max 1.4~1.5 |
| 11 | 장점 | 에너지적대 | | 경량, 저가격, 생산성 큼 제조설비 비교적 저가격 임의성형 가능 | |
| 12 | 단점 | | | 에너지 1.4~15 정도 | |

## 3.2 제품설계와 필요특성

### 1) 필요특성의 파악

(1) 사용조건이 가능한 한 상세한 리스트업

① 사용환경

옥외(일광, 비, 우박, 먼지 등), 빛(자외선, 방사선 등), 가스(부식성 가스, 수증기, 온도증기 등), 액체(물, 세제, 기름, 약품 등), 접촉(가소제, 구리 등)

② 사용온도

상용온도, 최고 및 최저온도(평상시, 이상시, 옥외, 창고, 쇼윈도, 자동차 등), 온한(溫寒) 반복

③ 사용하중

상용하중, 최대하중(항시, 이상시, 정적, 동적, 반복, 지속, 충돌, 낙하 등)

## (2) 사용 조건에 기초한 필요특성의 리스트업

체크리스트를 만들면 좋다. 필요한 항목에 웨이트를 준다. 설계구상이 되었을 때 다시 이 체크리스트를 이용해서 평가한다(표 3-7).

**표 3-7** 특성 체크리스트

| 체크항목 | | 웨이트 | 평가 | | 체크항목 | | 웨이트 | 평가 | |
| | | | 평점 | 가중점 | | | | 평점 | 가중점 |
|---|---|---|---|---|---|---|---|---|---|
| 기계적 강도 | 탄　성 | | | | 치수 정도 | 가공정도 | | | |
| | 인장강도 | | | | | 열 팽 창 | | | |
| | 내충격성 | | | | | 성형수축률 | | | |
| | 내마모성 | | | | | 기　타 | | | |
| | 기　타 | | | | 외관 | 투 명 도 | | | |
| 열적 강도 | 하중변화온도 | | | | | 광 택 도 | | | |
| | 기　타 | | | | | 색 | | | |
| 화학적 강도 | 내용제성 | | | | | 살 빼 기 | | | |
| | 내 산 성 | | | | | 기　타 | | | |
| | 내알칼리성 | | | | 규제 | 난 연 성 | | | |
| | 내 유 성 | | | | | 독　성 | | | |
| | 기　타 | | | | | 기　타 | | | |
| 전기적 강도 | 내 전 압 | | | | 가공 | 재료의 용이함 | | | |
| | 아크저항 | | | | | 가공공장의 존재 | | | |
| | 유 전 율 | | | | | 가공의 용이함 | | | |
| | 전파차단도 | | | | | 자동화·소력화의 용이함 | | | |
| | 기　타 | | | | | 기　타 | | | |
| 내염화 강도 | 내 후 성 | | | | 가격 | 최저제품가격 | | | |
| | | | | | | 기　타 | | | |
| | 기　타 | | | | 합계점 | | | | |

주 : a) 웨이트 0~100
　　b) 평점 0~10,
　　c) 웨이트 1 이상의 항목에서 평점 0이 하나라도 있으면 합계점 0으로 한다.

## 2) 필요특성의 정리

① 불명확하면 할수록 트러블 가능성이 증가하기 때문에 될 수 있는 한 명확히 한다.
② 유사제품을 연구하여 유추한다.
③ 과거의 경험, 특히 트러블을 조사한다.
④ 전문가의 의견을 듣는다.

## 3.3 사출성형품의 설계

사출성형품의 설계의 양부(良否)로서 사출성형품의 성패가 정해진다 해도 과언이 아니다. 양질의 제품설계로서 금형제작 비용의 절감, 성형의 용이화, 그리고 제품의 가격이 싸게 제작될 수 있으며, 반면 설계가 좋지 못하면 금형제작이 어려워져 제작 비용이 높아지며, 성형이 곤란하게 되어 성형 cycle이 길어져 제품가가 높아지며, 금형이 자주 고장을 일으켜 생산이 중단되고 예정된 생산량을 달성할 수 없게 된다.

### 3.3.1 Parting Line(PL, P/L)(파팅 라인)

사출성형품은 성형 후 금형에서 빠지지 않으면 안 된다. 따라서 금형이 분리되어야 하며, 성형제품측에서 볼 때 이 분리선을 parting line(파팅 라인)이라 한다. P/L의 결정은 성형품의 설계에서 제일 먼저 고려해야 할 사항이다. 금형이 분할되었을 때 성형품은 원칙적으로 금형의 가동측형판에 달라붙도록 고려하여 P/L의 위치를 결정하지 않으면 안 된다.

P/L 설정시 주의할 사항은 다음과 같다.

### 1) 가능한 간단히 할 것

P/L이 복잡하면 금형의 고정측형판과 가동측형판이 서로 잘 만나기가 어려워져 성형품에 burr가 발생하기 쉽게 된다.

그림 3-7과 3-8은 성형제품의 P/L 위치의 예를 나타낸 것이다.

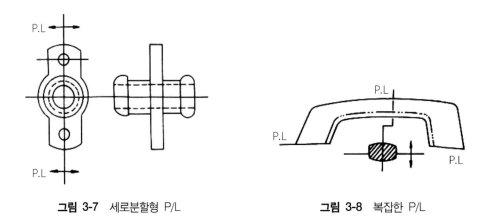

**그림 3-7** 세로분할형 P/L          **그림 3-8** 복잡한 P/L

### 2) 금형이 완전히 만나지 않는 점에 주의할 것

금형의 제작에 있어서 고정측형판과 가동측형판이 완전히 일치한다는 것은 기대하기 어렵다. 따라서, 그림 3-9와 같은 제품의 경우 잘 보이지 않는 측의 치수를 위쪽 치수보다 조금 작게 설계하면 (0.1mm 이내) 금형의 불일치도 구제될 수 있고 사출 후 burr의 제거도 용이하게 된다.

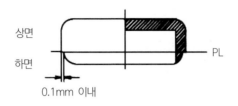

**그림 3-9** 양측에 R이 있는 제품의 P/L

## (3.3.2) Gate(게이트)

사출성형품에는 plastic을 주입하는 gate가 필요하다. Gate 위치는 끝손질이 용이하고 외관상 눈에 잘 띄지 않는 곳에 설정해야 한다. 그런 관계로 gate는 제품상에서 살두께가 두꺼운 부분에 설정해야 하고, weld line의 방향에 주의해야 하고, gate 부근이 성형 후 뒤틀림 발생에 주의해야 하며, 제팅 등의 여러 사항을 제품설계시 유의해야 한다.

예를 들면, 상자형 제품의 경우 중앙 부근에 구멍이 있다면 그 구멍을 이용하여 side gate 혹은 오버 랩 gate를 사용함으로써 금형은 2단형으로 제작될 수 있으며 gate는 커터 또는 칼로 제거하여 마무리지을 수 있게 된다. 만약 제품에 그와 같은 것이 없을 경우에는 핀 포인트 gate 등을 사용하여야 하는데, 이때 금형은 3단형으로 제작되어야 하므로 제작비가 상승되고 경우에 따라서는 gate 제거자국이 남을 수가 있어 이를 제거하기 위해 buffing(버핑) 작업이 필요하게 된다.

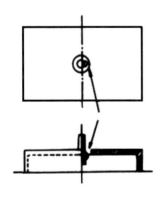

**그림 3-10** 구멍을 이용한 Gate

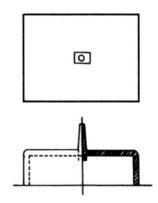

**그림 3-11** 라벨 자리 凹부를 이용한 Gate

다른 한 가지 방법으로서는 중앙 부근에 라벨(label)을 붙이는 자리로 설정하여 그 곳을 凹 부분으로 만들어서 direct gate로 성형하면 금형제작비가 싸지며 gate 자리는 보르반 등으로 제거할 수 있다. 이와 같은 라벨 자리를 이용한 방법은 가전기기 등에 널리 사용되고 있다(그림 3-10, 3-11).

다음은 특수형상 혹은 외관상의 제약에 따른 gate 위치 관계를 기술한다.

### 1) 길이가 긴 봉(Shaft)

사출성형에 있어 plastic의 흐름방향과 그 직각방향의 성형수축률이 차이가 나는 것은 피할 수 없는 현상이다. 그 차이는 plastic의 종류, 성형조건에 따라 변화한다. 길이가 긴 봉형태의 제품은 봉 중앙에 gate를 잡고 성형하면 휨이 생기게 된다. 이를 방지하기 위해 그림 3-12에 표시한 것과 같이 봉의 끝단 혹은 끝단 근처에 gate를 설치하는 것이 좋다.

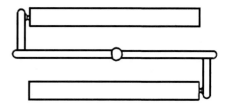

**그림 3-12** 길이가 긴 봉의 Gate 위치

### 2) 평판(平板) 또는 얇은 상자형

평판 형상 또는 매우 얇은 상자형 제품의 성형에서는 중앙부위에 direct gate 혹은 핀 포인트 gate를 사용해서는 안 된다. 이와 같은 경우도 앞에서 설명한 (1)항과 같이 plastic의 흐름방향과의 심한 수축률 차이로 현저히 비틀림이 발생한다(그림 3-13).

평판 형상의 제품에서는 다점(多点) 핀 포인트 gate 혹은 평판의 한쪽 편에서의 팬 혹은 필름 gate가 좋으나 직진도(直進度)가 크게 중요시되지 않을 때는 사이드 gate도 사용되고 있다.

**그림 3-13** 중앙 Gate의 경우에 발생되는 비틀림

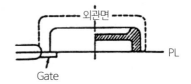

**그림 3-14** Overlap Gate

### 3) 외관에서의 제약

외관에서의 제약으로 기인되는 gate 위치의 선정은 제품의 형상에 따라 다르므로 2~3개의 예를 들어 설명코자 한다. 그림 3-14에 표시한 바와 같이 한 방향에서 전면이 보이는 경우에는 overlap gate, submarine gate를 사용하고 있다.

그림 3-15에 표시한 바와 같이 P/L 아래 부분까지 보이는 제품에서는 사이드 gate를 사용할 수 없으므로 핀 포인트 gate를 사용하여 후작업으로 gate를 제거하거나 submarine gate를 사용한다. PMMA 수지 혹은 POM 제품 등에서 gate 부근에서 나타날 수 있는 원형상의 물결 모양의 불량(flow mark)을 원인적으로 피해야 할 경우에는 탭 gate를 사용하고 있다.

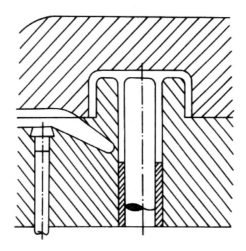

**그림 3-15** P/L 아래까지 보이는 제품(Submarine Gate의 예)

### 3.3.3 Ejection(이젝션)(금형에서 성형품의 돌출)

#### 1) 돌출위치

돌출자국이 제품의 면에 나오면 외관상의 결함이 되므로 제품의 설계 당시에 미리 이것을 고려해야 한다. 그 돌출위치는 제품이 금형과 물림현상이 나올 가능성이 있는 곳, 제품이 금형에서 빠져나오면서 휨 현상이 나타날 가능성이 있는 곳을 예상해 설치해야 한다.

#### 2) 깊이가 깊은 제품의 돌출

그림 3-16과 같이 깊이가 깊은 제품의 돌출은 air ejection 방식 또는 air ejection 방식과 stripper plate ejection 방식(혹은 접시형 pin ejection 방식)을 병용하는 방법이 있다.

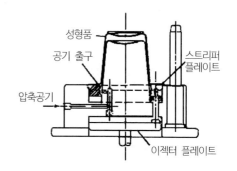

성형품
공기 출구
압축공기
스트리퍼 플레이트
이젝터 플레이트

**그림 3-16** Air Ejection

#### 3) 탭을 이용한 돌출방법

PMMA 수지 성형품과 같이 외관투명제품에서는 돌출흔적이 면 전체에 없어야 할 필요가 있다. 이와 같은 경우에는 제품의 외측에 탭(overflow)을 추가해 이것을 이용, pin ejection 방식으로 돌출시키는 방법이 있다.

### 3.3.4 표면의 조도(粗度, 거칠기)

성형품 표면의 조도는 외관제품이라든가 렌즈와 같은 것들은 그 외관이 매우 중요시되는 것이 있는가 하면 성형품의 이면 또는 내장부품과 같이 외관이 중요시되지 않는 것 등 여러 등급이 있다. 이 규격에 대해서는 금속의 조도를 규정하는 기호로 사용되는 경우가 많으나, 이것을 plastic 표면의 조도 혹은 금형의 조도 그대로 준용하는 것은 어려운 일이다.

표 3-8과 같이 Plastic 표면의 조도에 대해 일본에서는 JIS K7104의 MR-1~6 등급으로 하여 거울면에서 거친면까지 규정하고 있다. 그러나 MR-1 정도의 표면을 얻기 위해서는 금형의 강재도 S55C와 같은 재료를 사용해야 하고 pin hole이 전혀 없어야 하므로 진공 용해한 것을 사용해야 한다. 따라서 금형이 고가로 되므로 특별한 경우가 아니면 요구될 수 없다.

**표 3-8** Plastic 표면 조도의 기호(JIS K7104)

| 성형품 및 금형의 기호 | | MR-1 | MR-2 | MR-3 | MR-4 | MR-5 | MR-6 |
|---|---|---|---|---|---|---|---|
| 가공 조건 | | Diamond Powder 8,000번 (1~5μ) | Diamond Powder 1,200번 (8~20μ) | Emery Paper 사지(砂紙) 입도 360번 | 지석(砥石)봉 입도 150번 | 지석립(粒) 120번 dry blast 공기압 5 kgf/cm² | 지석립 46번 dry blast 공기압 5 kgf/cm² |
| 표면거칠기의 범위 (μRz) | 최소치 | - | 0.06 | 0.24 | 1.2 | 4.8 | 15 |
| | 최대치 | 0.03 | 0.12 | 0.48 | 1.7 | 6.6 | 19 |

그리고 제품 표면의 광택을 요할 때는 금형에 Cr 도금을 하기도 하나 일반적으로 도금의 양이 구석 부위에 많이 몰리기 쉽기 때문에 역 테이퍼를 발생시킬 수가 있으며, 금형을 수리할 필요가 있을 때는 도금을 제거해야 하므로 일반 금형보다 많은 시간과 비용이 들며, 정밀도가 요구되는 제품에서는 도금하는 것은 좋다고 볼 수 없다.

### 3.3.5 빼기구배(Draft Angle)

금형에서 성형품을 빼기 위해서는 빼기구배가 필요하다. 빼기구배가 부족하면 성형품의 돌출시 표면에 긁힘이 생길 수 있고 휨이 발생할 수도 있다. 빼기구배의 정도는 성형품의 형상, 재료의 종류, 금형의 구조, 성형품 표면의 요구조건에 따라 다르므로 정확히 1개의 값으로 규정하기는 곤란하고 대개는 경험치로서 결정하고 있다. 그러나 제품의 형상이나 기능에 지장이 없다면 가능한 크게 하는 것이 유리하다. Side core(slide core)에서도 마찬가지로 빼기구배가 필요하다.

빼기구배의 표시는 °(도) 또는 %로 나타내며 draft(경사량)은 다음과 같은 계산으로 알 수 있다. 예를 들어, 그림 3-17과 같은 제품에서 길이(H) 50 mm일 때 도면상에 draft angle 1°라 표시되었다면, draft는

$$X = 50 \times \tan 1° = 0.813 \text{mm}$$

이다.

만약 도면상에 draft angle 1.5%라 표시되었다면, draft는

$$X = 50 \times \frac{1.5}{100} = 0.75 \text{mm}$$

이다.

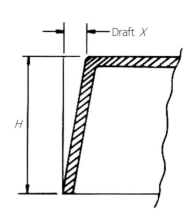

**그림 3-17** 빼기구배

### 1) 일반적인 빼기구배

일반적인 빼기구배는 각 측면에 1°가 보통이며, 실용 최소한 도로서 1/120(0.5°) 정도의 값으로 하는 경우도 있다. 성형품은 금형의 이형시 가동측형판에 달라붙도록 하는 것이 필요하다. 따라서, 캐비티 측의 빼기구배는 코어 측의 빼기구배보다 크게 하는 것이 일반적이다. 한 예로서, 작은 구멍용 핀을 금형의 가동측형판에 세울 때는 핀에는 빼기구배가 없는 것이 보통이다.

제품의 깊이가 낮고 벽의 두께가 두껍고 크기가 큰 경우에는 성형품의 성형수축률로서만 금형에서 빠져나올 수 있으므로 구배는 매우 작아도 지장이 없다. 특히, 성형수축률이 큰 plastic 예를 들면, POM, PE 등에서는 구배를 0으로 하고 있다.

### 2) Texture 표면의 빼기구배

성형품의 표면에 texture하는 경우가 많은데 이것은 금형의 표면을 사진부식으로 미세한 凹凸을 만드는 것이다. 이때의 빼기구배는 texture가 없을 때보다 많이 주어야 texture가 손상되지 않고 빼질 수 있다. 보통 0.025mm의 凹凸에 대해 1°의 추가 구배가 필요하다(그림 3-18 참조).

### 3) 격자의 빼기구배

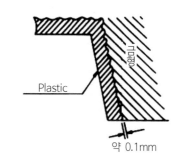

**그림 3-18** Texture 빼기구배(4° 이상 요하는 것을 표시)

$$\frac{0.5(A - B)}{H} = \frac{1}{12} \sim \frac{1}{14}$$

다음의 경우에는 빼기구배를 변화시키는 것이 좋다.

① 격자의 피치(P)가 4mm 이상이면, 빼기구배는 1/10 정도로 한다.

② 격자부의 치수(C)가 크면 빼기구배는 가능한 크게 하는 것이 좋다.

③ 격자의 높이(H)가 8mm를 넘거나 ②에서 빼기구배가 충분히 크지 않을 때는 그림 3-19의 (b)와 같이 격자부를 확실히 코어측에 남도록 하기 위해 격자깊이의 1/2 이하 깊이의 격자형상으로 하는 것이 필요하다(그림 3-19 참조).

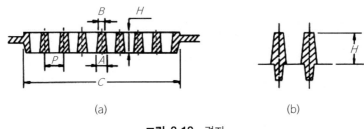

(a)                                                    (b)

**그림 3-19** 격자

### 4) 상자형의 빼기구배

그림 3-17에서 $H$가 50mm까지는 $X/H = 1/30 \sim 1/35$, $H$가 100mm 이상은 $X/H = 1/60$ 이하로 한다.

### 5) 종(縱) Rib의 빼기구배

보강용으로서 많이 사용되고 있는 종(縱) rib에서 그 빼기구배는 일반적으로 측벽, 바닥두께에 의해 $A$, $B$의 치수(그림 1-20)가 정해지나 일반적으로 적용되는 빼기구배는,

$$\frac{0.5\,(A - B)}{H} = \frac{1}{500} \sim \frac{1}{200}$$

그림 3-20의 (a)는 내측벽, (b)는 외측벽의 rib를 표시한다. 여기서 $A = T \times (0.5 \sim 0.7)$ 적용하고, 다소의 sink 발생이 지장없다면 $A = T \times (0.8 \sim 1.9)$으로 적용할 수 있다.

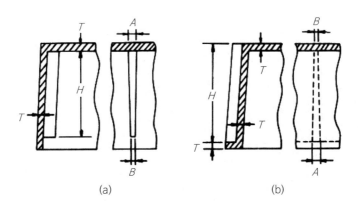

(a)                                                    (b)

**그림 3-20** 종(縱) Rib

### 3.3.6 벽두께(Wall thickness)

제품설계시 사출압력에 영향을 미치는 벽두께(살두께, 제품두께)를 잘 설계해야만 양질의 제품을 얻을 수가 있다. 벽두께가 얇을수록 유동저항이 증가하여 사출압력은 증가한다. 동일한 제품에서도

두꺼운 부분과 얇은 부분의 유동속도는 달라진다. 유동저항식을 살펴보면 벽두께(H)의 영향이 변수들 중에서 가장 크다(그림 3-21).

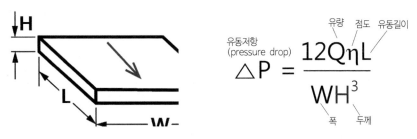

**그림 3-21** 벽두께에 따른 유동저항

$$\triangle P = \frac{12Q\eta L}{WH^3}$$

Plastic 성형품의 벽두께는 무엇보다도 먼저 균일한 것이 이상적이다. 벽두께가 변동이 심하면 금형 내에서 plastic의 굳는 시간이 부분적으로 변하게 되어 sink mark 및 수축치수가 변하므로 성형품 내부에 잔류응력이 발생하여 외부충격에 대해 취약하게 된다.

그러나 제품의 형상 혹은 용도에서 요구되는 벽두께의 변화가 필요한 경우가 있고 또한 강도상 벽두께를 크게 하지 않으면 안 되는 부분도 나올 수 있지만, 가능한 구조적으로 보강하는 방법 등으로 하여 균일 벽두께로 하는 것이 바람직하다(그림 3-22).

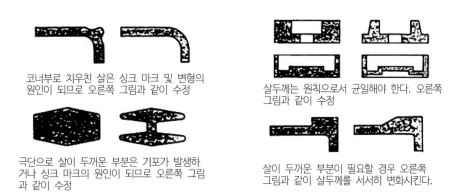

코너부로 치우친 살은 싱크 마크 및 변형의 원인이 되므로 오른쪽 그림과 같이 수정

극단으로 살이 두꺼운 부분은 기포가 발생하거나 싱크 마크의 원인이 되므로 오른쪽 그림과 같이 수정

살두께는 원칙으로서 균일해야 한다. 오른쪽 그림과 같이 수정

살이 두꺼운 부분이 필요할 경우 오른쪽 그림과 같이 살두께를 서서히 변화시킨다.

**그림 3-22** 벽두께의 조정

Plastic 성형품의 재료에 따른 일반적인 벽두께는 표 3-9와 같다.

아무래도 벽두께가 두꺼운 곳은 냉각시간이 오래 걸리게 되어 성형 cycle이 지연되므로 성형 비용이 높아진다. 그러므로 5mm 이상의 벽두께는 특별한 경우가 아니면 가능한 피한다. 또한, 최저 벽두께는 0.5mm로 하고, 그 이하는 충전부족(미성형)이 발생할 소지가 많으므로 적극 피해야 한다. 벽두께를 결정할 때는 다음과 같은 점을 고려해야 한다.

**표 3-9** 일반적인 벽두께

| 재 료 | 벽두께 | 재 료 | 벽두께 |
|---|---|---|---|
| ABS | 1.5~4.5 | PMMA | 1.5~5.0 |
| PP | 0.6~3.5 | PVC | 1.5~5.0 |
| Nylon | 1.5~4.5 | PC | 1.5~5.0 |
| POM | 1.5~5.0 | PE | 0.9~4.0 |
| SAN | 1.0~4.0 | | |

① 구조상의 강도

② 이형(離型)시의 강도

③ 외부충격에 대한 힘의 균등분산

④ insertion부의 crack(성형품과 금속의 열팽창의 차로 인한 수축시의 crack) 방지

⑤ 구멍, insertion부에 생기는 weld line 발생

⑥ 얇은 벽두께에서 생길 수 있는 burning(제품표면의 변색, 휨, 또는 파괴를 발생시키는 열분해 현상)

⑦ 두꺼운 벽두께에서 생길 수 있는 sink mark

사출성형에 있어서 충전 가능 길이($L$)와 벽두께($t$)와의 비 $L/t$에는 한계가 있다. 그 $L/t$의 값은 동일 plastic에서도 품종에 따라 다르고 성형조건에 의해 서로 변동하나 그 값을 넘으면 성형이 되지 않는다.

게이트를 설치할 때도 되도록 두께가 두꺼운 쪽에 설치하는 것이 유리하다. 그림 3-23은 게이트 위치를 (a) 두께가 얇은 측과 (b) 두꺼운 측에 설치한 경우에 냉각시간의 변화를 비교한 것이다. 따라서 그림 3-23에서 보는 바와 같이 (b)처럼 두꺼운 측 살두께에 게이트를 설치하는 것이 올바른 방법이다.

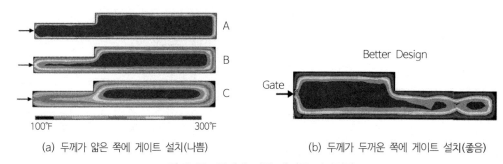

(a) 두께가 얇은 쪽에 게이트 설치(나쁨)        (b) 두께가 두꺼운 쪽에 게이트 설치(좋음)

**그림 3-23** 두께에 따른 게이트 위치설정

사출성형품의 불량 중에서 가장 많이 발생하는 sink mark(성형품의 표면에 오목하게 들어간 수축

부분)를 방지하기 위해서는 제품설계에 따른 금형제작에 있어서 게이트(gate) 위치 설정도 중요한 변수가 된다.

(a)는 두께가 얇은 쪽에 게이트를 위치한 것이다. 두께가 얇은 쪽이 두께가 두꺼운 오른쪽보다 고화(응고)가 먼저 일어난다. 그러면 보압(packing & holding pressure)이 두꺼운 쪽으로 더 이상 전달되지 못하기 때문에 두꺼운 부분에서 수축이 발생한다. 그러므로 (b)와 같이 두꺼운 쪽에 게이트를 설치하면 보압 부족으로 인한 수축불량이 발생하지 않게 된다. 제품을 설계하다보면 게이트 위치는 제품의 특성 및 기능에 따라서 제약을 많이 받는다.

### (3.3.7) 표면적

제품 면적(표면적)이 증가할수록 동일한 조건에서 금형으로의 열손실이 증가하여, 수지가 흐르는 끝 부위에서의 온도강하와 고화층의 두께 증가로 인하여 실제 유동단면이 감소함으로써 유동저항이 증가하여 사출압력도 증가한다. 일반적으로 다수의 미세한 구멍(hole)이나 표면의 굴곡이 존재하는 제품은 그렇지 않은 제품에 비하여 사출압력이 상승한다(그림 3-24 참조).

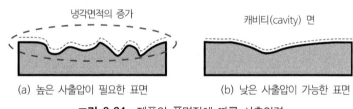

**그림 3-24**  제품의 표면적에 따른 사출압력

### (3.3.8) 모퉁이(Corner)의 R

내부응력은 면과 면이 만나는 코너 부위에 집중한다. 따라서, 집중 내부응력을 분산시키고 동시에 수지의 흐름을 좋게 하기 위해 코너에는 반드시 $R$을 주어야 한다.

그림 3-25에 표시한 것과 같이 $R/T$가 0.3 이하에서 응력이 급격히 증가한다. 그러나 0.8 이상에서는 집중응력의 제거에는 그다지 효과가 없다. 따라서 권장되는 내측의 $R$은 다음과 같다.

$$\frac{R}{T} = 0.6$$

그림 3-26 (a)는 코너 내측에만 $R$을 준 것을 표시하고 (b)는 내측의 $R'$와 외측의 $R$과 동심원으로 한 것을 표시한 것으로 (b)가 훨씬 바람직하다. Sharp-edge를 요하는 곳에서도 최소 $R0.3$ 정도 주는 것이 좋다.

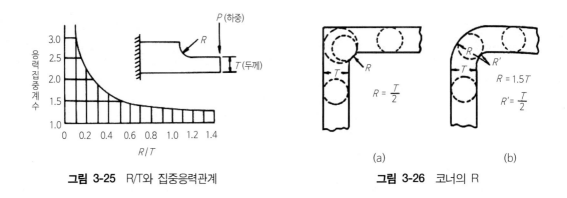

**그림 3-25** R/T와 집중응력관계 　　　　　　　　　　　　　**그림 3-26** 코너의 R

그림 3-25는 굽힘하중을 받는 보에 코너 반경(R)에 따른 응력집중계수(stress concentration factor)를 보여주고 있다. 만약 두께(T)가 1.0 mm라고 가정하면 R이 0.0 mm일 때와 0.2 mm일 때의 차이점은 엄청나다는 것을 알 수 있다.

그림 3-27과 같이 코너부를 설계하는 경우 반드시 R(라운드, fillet)을 주어야 한다. 외력이 작용하는 곳에는 (a)와 같이 설계하는 것이 파괴역학적인 측면에서는 상당히 유리하여 외부충격에도 잘 견딘다. 외관에 영향을 주지 않는다면 최대한 R을 주는 것을 고려하는 것이 합당하다.

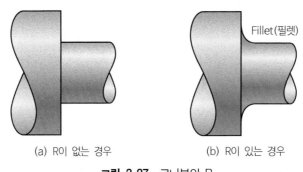

(a) R이 없는 경우 　　　　　　　　(b) R이 있는 경우

**그림 3-27** 코너부의 R

### 3.3.9 Rib(리브)

Rib는 성형품의 보강 및 형상변형 방지 목적으로 많이 사용되고 있다. rib를 설계할 때 다음과 같은 점을 고려해야 한다.

① rib의 빼기구배는 제품돌출시 긁힘을 방지하기 위해 적어도 1° 이상으로 한다.
② rib의 근원(根元)두께는 벽두께 $t$ 의 50~70% 정도로 한정하는 것이 sink를 방지할 수 있으며, 표면에 약간의 sink가 발생해도 지장이 없을 때는 80~100%로 해도 무방하다.
③ 응력의 집중을 분산시키기 위해 rib의 근원에는 $R$ 을 준다.
　그 $R$ 은 벽두께의 1/8~1/4정도로 한다. $R$ 을 지나치게 크게 하면 응력분산 및 강도는 향상되

나 sink가 발생된다.

④ rib의 높이는 벽두께의 1.5배 이하로 한다. 추가적인 보강을 위해 rib 높이를 높이는 것보다는 그 수량을 늘리는 것이 효과적이며, 그 pitch는 벽두께의 4배 이내로 하지 않도록 한다.

⑤ rib 선단의 두께는 금형제작상의 제약 때문에 1.0~1.8mm 정도로 한다.

그림 3-28의 (a)는 rib 근원의 내접원의 직경($2R_2$)이 벽두께의 50%를 넘어 sink가 발생되는 상태이고, (b)는 근원의 내접원의 직경이 벽두께의 20%를 넘지 않아 sink가 발생하지 않는 상태이다.

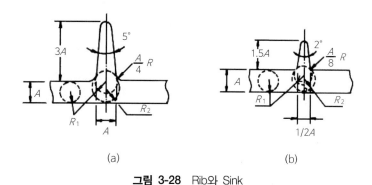

(a)                                    (b)

**그림 3-28**  Rib와 Sink

## 3.3.10 Boss(보스)

Boss는 대부분이 self-tapping screw(셀프 태핑 스크류)를 사용하여 다른 plastic 성형부품을 고정하기 위해 세워진 원형돌기이다. 물론 self-tapping screw가 아닌 hot(또는 cold) staking(스테이킹) 방식으로 부품을 고정하기 위한 작은 원형돌기도 있고, 부품조립시 guide용으로 세워진 작은 돌기도 있으나 모두 boss라 칭한다. 본 절에서는 self-tapping screw용 boss에 대해 설명키로 한다.

### 1) Boss의 설계상 유의점

① boss의 빼기구배는 외경측 1°, 내경측 1.5° 정도로 한다.

② boss의 높이는 빼기구배로 인한 boss 근원 직경이 커짐으로 인한 외관상의 sink를 방지하고 금형의 고장을 방지하기 위해 20mm 이하로 하는 것이 좋다.

③ 높이가 높은 boss는 그의 보강 및 수지의 흐름을 좋게 하기 위해 측면에 rib를 추가한다[그림 3-29의 (b)].

④ boss 근원의 $R$은 0.5mm 이상, 벽두께의 1/4 이하로 한다.

⑤ 측벽과 가까운 boss는 rib로 연결한다(그림 3-30).

⑥ boss와 boss와의 간격은 boss 직경의 2배 이상으로 하는 것이 바람직하다.

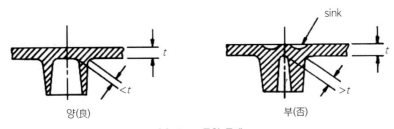

(a) Boss 근원 두께

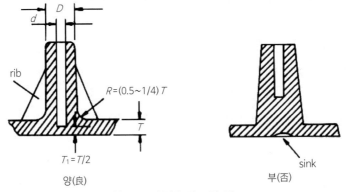

(b) Boss의 치수 및 보강 Rib

**그림 3-29** Boss의 설계방법

가(可)　　　　　　　불가(不可)

**그림 3-30** 측벽과 인접된 Boss의 처리 예

## 2) Self Tapping Screw 호칭경과 Boss 치수

Self tapping screw 호칭경과 boss의 외경(D)과 내경(d) 관련치수는 표 3-10에 따른다.

**표 3-10** 스크류 호칭경에 따른 보스의 치수　(단위 : mm)

| Screw 호칭경 | 외 경(D) | 내 경(d) |
| --- | --- | --- |
| M2 | 4 | 1.7 |
| M2.5 | 5 | 2.1 |
| M3 | 6 | 2.5 |
| M3.5 | 7 | 3 |
| M4 | 8 | 3.4 |

### 3.3.11 Hole(구멍)

대부분의 사출성형품에는 구멍이 있게 마련이다. 구멍이 있으면 그 주변에 weld line이 발생하기 쉬워 강도가 저하되고 외관상에 결함이 되므로 다음 사항을 주의한다.

#### 1) 구멍의 Pitch(피치)

구멍과 구멍의 간격(pitch)이 너무 작으면 weld line 이 발생하기 쉽고, 또한 금형이 약해질 우려가 있으므로 가능한 그림 3-31에 표시한 것과 같이 pitch는 구멍 직경의 2배 이상으로 하도록 한다.

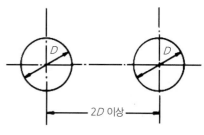

**그림 3-31** 구멍의 Pitch

#### 2) 구멍 주변

구멍의 주변은 weld line에 의한 강도가 저하되므로 그림 3-32의 (a), (b)에 표시한 것과 같이 그 주변에 살을 두껍게 하는 것이 좋다.

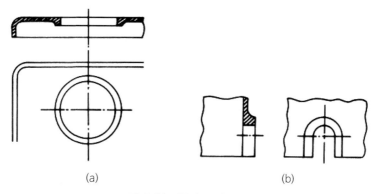

(a)                    (b)

**그림 3-32** 구멍 주변의 보강

#### 3) 구멍과 제품 끝단과의 거리

3.1.9 1)항과 동일한 경우로서 weld line 문제, 금형 의 강도문제 등의 관계로 제품의 끝면과 구멍과의 거 리는 구멍직경의 3배 이상으로 하는 것이 바람직하다 (그림 3-33).

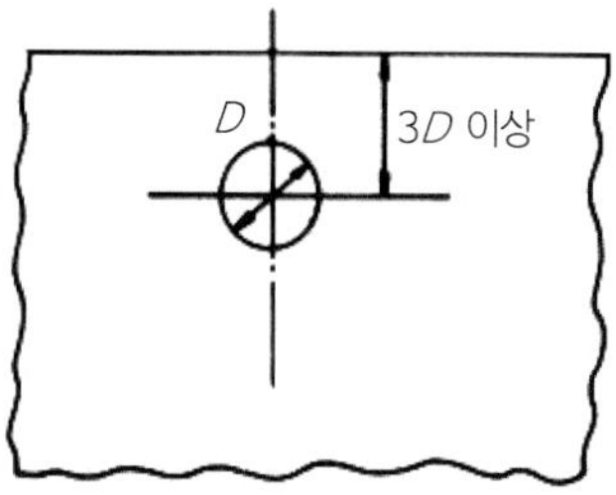

#### 4) 막힌 구멍(盲孔)

막힌 구멍의 설계는 특히 주의를 요한다. 이것은 수 지의 흐름방향의 압력으로 인해 금형의 핀이 구부러지기 쉽다. 가는 구멍, 예를 들어 $\phi 1.5$ 정도의 경우, 깊이의 2배 이상으로 하는 것은 바람직하지 못하다. 어떠한 경우이든 막힌 구멍의 깊이는 직경

**그림 3-33** 구멍과 제품의 끝

의 4배 이상이 되지 않도록 한다(그림 3-34).

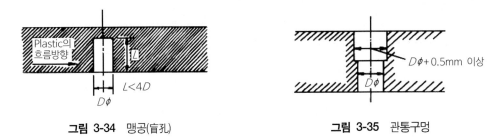

| 그림 3-34 맹공(盲孔) | 그림 3-35 관통구멍 |

### 5) 깊은 관통구멍

깊은 관통구멍에 있어서도 맹공과 같이 주의를 요한다. 직경의 5배 이상의 경우는 금형의 반대측에 pin supporter를 설치하면 핀의 휨을 방지할 수 있으나, 그 이상의 깊이로 되면 금형의 양측에서 핀을 세워 핀의 휨을 방지하도록 한다. 그런데 이 경우 구멍의 양측을 동일 직경으로 하면 편심의 우려가 있기 때문에 한쪽의 직경이 다른 쪽보다 0.5mm 이상 크게 하도록 한다. 또한 구멍의 깊이가 그 직경의 8배 이상이 되면 핀의 휨을 피할 수 없다(그림 3-35).

## 3.3.12 상자형 제품

### 1) 측벽

상자형 제품의 측벽은 직선상으로 하면 휨이 발생되기 쉽다. 이것을 방지하기 위해서는 테두리 부분을 보강용 형상을 주면 많이 개선될 수 있다. 보강방법은 그림 3-36에서 나타난 바와 같이 (a) 형상보다는 (e) 형상으로 갈수록 보강의 효과는 크다.

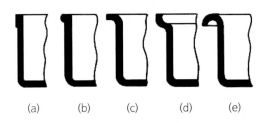

(a)    (b)    (c)    (d)    (e)

그림 3-36 테두리 부분의 보강

### 2) 바닥 부분

상자형 또는 용기 제품의 성형에서는 바닥의 바깥쪽 중앙에 gate를 설치하는 경우가 많다. 이때 수지의 흐름방향과 그 직각방향의 성형수축률 차이(무충전 수지의 경우, 그 수축률은 흐름방향 쪽이 직각방향보다 크나, 유리섬유를 충전한 수지의 경우는 그 반대로 흐름방향 쪽이 작다)로 인해 gate

부근에 현저히 내부응력이 발생하여 평면 그대로 방치하면 바닥이 파손되기 쉽다. 이를 방지하기 위해서는 그림 3-37과 같이 바닥 부분을 높낮이를 주거나, 파형으로 형성시키고 바닥의 주변은 그림 3-38과 같이 $R$을 줌으로써 응력을 분산시킬 수 있다.

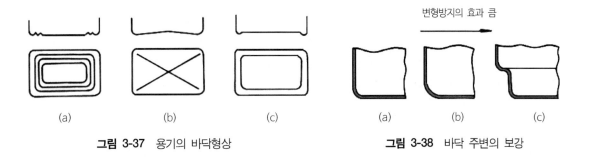

그림 3-37 용기의 바닥형상     그림 3-38 바닥 주변의 보강

### (3.3.13) Undercut(언더컷)

제품의 측벽에 구멍이 있다든가, 내부 또는 외부 측면에 돌기 부분이 있어 성형기의 형개(型開)방향 운동만으로는 성형품을 빼낼 수 없는 경우를 undercut이라 하며, undercut이 있으면 금형에 angular pin 또는 side core(slide core)를 설치하지 않으면 금형에서 제품을 뺄 수가 없다. 따라서, undercut이 있는 제품의 금형은 제작이 복잡하게 되어 고가로 되며, 고장이 생길 가능성이 높고 성형 cycle도 길게 된다. 그런 이유로 가능한 undercut이 없는 제품설계를 하는 것이 바람직하다.

### 1) Undercut의 제거

다음의 예와 같이 제품설계를 변경함으로써 undercut를 제거할 수 있다. 그림 3-39 (a)의 측면 hole을 같은 그림 (b)와 같이 하면 undercut이 제거된다. 그림 3-40도 같은 예를 표시한다. 그림 3-41은 제품 내부에 돌기가 있는 undercut의 예로서 angular pin 방식 또는 손으로도 제품을 금형에서 빼낼 수 없으나 (b)와 같이 밑에 구멍을 뚫으면 undercut이 제거된다. 그리고 그림 3-42는 제품의 형상 변경으로 undercut를 제거한 예이다.

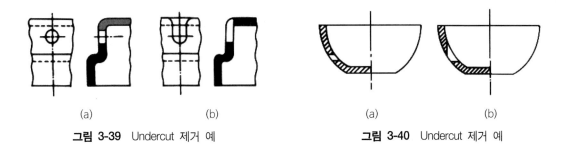

그림 3-39 Undercut 제거 예     그림 3-40 Undercut 제거 예

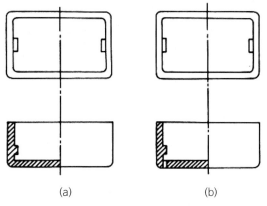

(a)                    (b)

**그림 3-41**  내부돌기 Undercut 제거 예

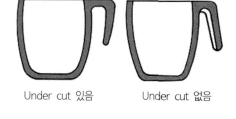

Under cut 있음          Under cut 없음

**그림 3-42**  제품형상에 의한 Undercut의
제거

### 2) 강제 돌출

Plastic 중에서 탄성이 큰 것, 예를 들어 POM, PE, PP 등에서는 극히 작은 undercut는 재료의 탄성을 이용하여 금형에서 강제 돌출시킬 수 있다. 특히 POM은 탄성이 커서 원형제품의 경우 직경의 5% 이내에서는 강제돌출이 가능하다. 그러나 그 경우 돌출시 변형되는 것이 필요하게 되므로 돌출력을 높이기 위해 sleeve ejection 혹은 stripper ejection 방식으로 하지 않으면 안 되는 경우가 많다.

그림 3-43은 강제돌출이 가능한 예와 불가능의 예를 나타낸 것이며, 그림 3-44는 stripper plate에 의한 강제돌출의 예를 표시한 것이다.

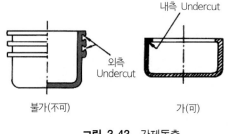

내측 Undercut

외측
Undercut

불가(不可)              가(可)

**그림 3-43**  강제돌출

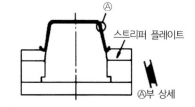

Ⓐ

스트리퍼 플레이트

Ⓐ부 상세

**그림 3-44**  Stripper plate에 의한 강제돌출

### 3) 분할금형에 의한 외부 Undercut 처리

분할된 cavity 전체 혹은 일부분을 성형기에서 금형의 형개(型開)운동을 기계적, 공기압 또는 유압으로 sliding시킴으로써 undercut을 처리하는 방법이다. 제품 외부의 전주(全周)에 홈이라든가 다수의 돌기가 있어 parting line의 변화로는 금형 제작이 곤란한 경우(예를 들면, 타자기의 문자 ball 등)는 금형을 2개 또는 수개로 분할하여 undercut을 처리한다.

분할금형의 이동은 보통 경사핀(angular pin)을 사용하나, ejector plate 혹은 경사 캠(angular cam)

을 사용하는 경우도 있다. 이 경우 주의해야 할 것은 돌출핀(ejector pin) 혹은 stripper plate가 되돌아오지 않은 상태에서 금형이 닫히면 분할금형이 이것들과 충돌하여 금형이 파손되는 수가 있다. 그림 3-45와 3-46은 분할금형의 예를 표시한다.

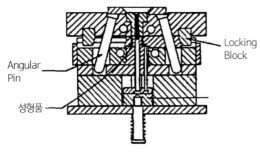 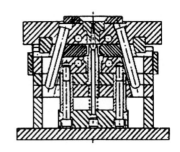

**그림 3-45** 분할금형(I) (Angular pin 사용, 핀 돌출)  **그림 3-46** 분할금형(II) (Angular pin 사용, Stripper plate 돌출)

### 4) 슬라이드 코어에 의한 외부 Undercut 처리

사이드 코어 방식은 성형품의 외측에 undercut가 있는 경우에 사용할 수 있는 방법으로 분할금형은 캐비티 전체를 대칭적으로 둘 또는 그 이상으로 분할하는 것에 비해 슬라이드 코어(또는 사이드 코어라 칭함)는 undercut 부분만 부분분할하는 방식이다. 일반적으로는 가동측형판에 설치하고 고정측형판에 경사된 또는 경사캠을 설치해 유압 또는 공기 실린더로 이동시킨다.

그림 3-47과 3-48은 슬라이드 코어가 있는 금형구조를 표시한다.

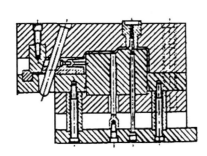 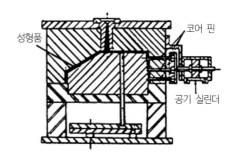

**그림 3-47** 슬라이드 코어(I) (경사핀 사용)  **그림 3-48** 슬라이드 코어(II) (에어 실린더 이용)

### 5) 내부에 Undercut이 있는 제품

성형품 내부에 있는 undercut의 처리는 외부의 언더컷에 비해 어려우나, 다음과 같은 금형구조방식으로 처리되고 있다.

### (1) 경사 돌출핀 작동방식

그림 3-49의 구조 예와 같이 경사 돌출핀과 이와 접촉하고 있는 돌출판으로 구성되어 있다. 형개 시 돌출판이 전진하면 이에 따라 경사 돌출핀도 전진함과 동시에 안쪽으로 동작되므로 내부 under-cut은 처리된다.

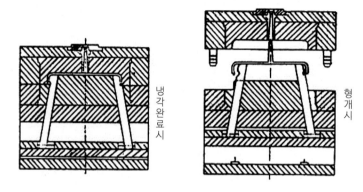

냉각완료시　　형개시

**그림 3-49** 경사 돌출핀

### (2) 분할 코어 작동방식

그림 3-50에 그 대표 예로서 경사 돌출핀 방식과 비슷하지만 undercut부는 슬라이드 코어에 위치 해 있다. 본 그림은 제품의 양측에 undercut이 있는 경우로 그 전진한계는 2조의 코어가 접촉하는 위치이다. 그리고 그림 3-51에 표시한 것과 같이 성형품의 위쪽에 rib가 있을 때, 그 위치는 슬라이 드 코어가 undercut을 벗어날 수 있도록 충분한 거리에 있어야 한다.

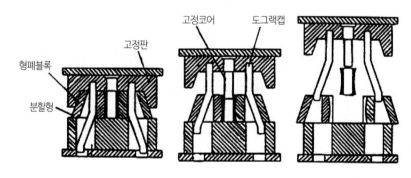

형폐블록　고정판　고정코어　도그랙캡
분할형

**그림 3-50** 분할코어방식의 기구 예

### (3) Collapsible Core 방식

그림 3-52와 같이 코어 핀이 빠질 때 collapsible sleeve가 안으로 오므라들도록 함으로써 내부의 undercut을 처리하는 방식이다.

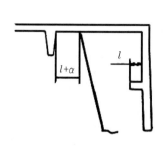

**그림 3-51**  내부의 Undercut에서의 설계상 주의

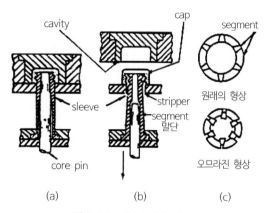

**그림 3-52**  Collapsible Core

## (3.3.14) 나 사

사출성형으로 수나사 및 암나사의 성형이 가능하다. 나사를 성형사출시킴으로써 별도의 기계가공이 필요없게 되므로 비용면에서 유리하다. 그러나 plastic 나사는 설계과정에서 여러 가지 제약이 따른다.

① 매우 가는 나사는 성형이 어렵다.

  피치가 최저 0.3 이하의 나사는 성형수축관계로 불완전 나사산이 되기 쉬우므로 가능한 피한다.

② 길이가 긴 나사는 주의를 요한다.

  나사의 금형제작시 일반적으로 나사의 피치에 성형수축률을 감안하지 않은 상태에서 제작된다. 따라서 성형 후 나사의 피치는 성형수축률만큼 작게 되어 긴 나사에서는 문제가 된다. 정밀나사 피치가 요구될 때는 NC선반 등을 사용하면 오차가 적은 나사의 성형도 가능하다.

다음에 수나사와 암나사의 설계상 요점을 설명한다.

### 1) 수나사

수나사의 나사부에 약간의 파팅 라인이 생겨도 무방할 경우에는 분할금형을 사용한다. 만약 파팅 라인을 절대 피해야 될 경우는 캐비티를 회전하여 금형에서 빼내야 된다. 이 경우는 매우 드물다. 수나사의 설계시 금형 및 제품에 sharp edge를 피하기 위해 나사의 선단 및 근원에 평활부를 두어야 한다(그림 3-53).

### 2) 암나사

암나사는 수나사에 비해 훨씬 제작이 곤란하다. 암나사에는 나사빼기 장치가 필요하기 때문이다. 그러나 피치가 크고, 나사의 profile이 둥글고, 외측의 벽두께가 얇을 때, 또한 PP나 POM 등 탄성이 많은 plastic으로 성형한 경우는 슬리브 이젝션 또는 stripper plate ejection을 사용하여 강제돌출시

키는 경우도 있다. 암나사의 형상도 수나사와 같이 나사의 선단 및 근원에는 평활부를 두어야 한다
(그림 3-54).

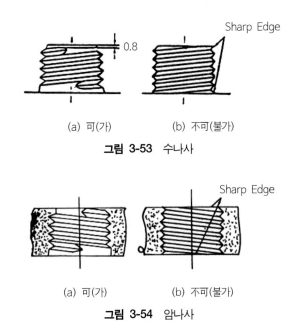

(a) 可(가)  (b) 不可(불가)

**그림 3-53** 수나사

(a) 可(가)  (b) 不可(불가)

**그림 3-54** 암나사

나사빼기장치는 랙 피니온 혹은 모터에 의해 나사부를 회전시키고 stripper plate 혹은 슬리브 이
젝션을 병행하여 돌출시킨다. 이때 코어의 회전과 함께 성형물이 회전하면 성형물이 캐비티에서 빠
지지 않기 때문에 회전방지부를 성형물 외주 등에 설계하지 않으면 안 된다.

다른 나사빼기장치로는 3.1.12 5) (3)항에서 설명한 collapsible core를 사용하는 경우(최소 나사내
경 35.3mm까지 가능하다)라든가, 암나사의 일부를 제거하고 간단히 경사돌출핀 등으로 암나사 부분
을 금형에서 빼내는 방법도 있다. 특히 후자는 금형제작비가 싸므로 간단한 뚜껑에 많이 사용되고
있다.

### (3.3.15) 문자 조각

Plastic에 양각 또는 음각 문자를 넣을 수도 있다. 금형제작상 문자의 끝이 각진 것보다는 둥근 것
이 가공이 쉽다.

### 1) 양각문자

양각문자는 금형에 직접 조각함으로써 용이하다. 따라서 양각문자나 음각문자 모두 목적상 지장이
없다면 양각문자로 함이 금형제작상 용이하다. 투명 plastic 제품에 문자를 넣을 때는 이면에 하는
것이 효과적이다.

## 2) 음각문자

음각문자를 성형시키려면 금형측에서는 문자를 양각시켜야 되므로 양각문자의 성형보다는 어렵다. 제작방법으로서는 문자만 남겨놓고 주변을 깎든가 방전가공으로 행하고 있다. 문자의 주위에 선이 있어도 관계없으면 그 부분을 별도 코어편으로 하여 제작하는 방법이 많이 사용되고 있다.

## 3) 문자의 착색

외관부품에서 미려한 문자가 요구되는 경우가 있는데, 이때는 silk screen(실크 스크린) 인쇄 또는 hot stamping(핫 스탬핑) 외에 제품에 음각문자를 만들고 여기에 도료를 충전시키는 것이 있다. 도료를 충전하는 방법에서는 문자의 끝부분에 weld line이 있으면 그 부분에 도료가 스며들어 외관상 좋지 않게 된다. 따라서 가는 음각문자라면 깊이 0.2mm, 폭 0.2mm 이상 되지 않도록 해야 한다.

## (3.3.16) Inserting(인서팅)

Insert가 있는 성형품의 설계에서는 여러 가지 주의가 필요하다. insert를 금형에 넣는 조작은 특별 기구를 사용하는 것을 제외하고는 손으로 집어넣어야 하므로 성형의 무인화가 불가능해지고 성형 cycle도 길게 된다. 또한, insert가 성형 중에 떨어지면 금형을 손상시키는 일이 많으므로 insert를 넣어 성형하는 것이 필요불가결한 경우에만 사용한다.

따라서, 일반적으로 insert를 성형시에 삽입하지 않고, 성형품에 pilot hole을 뚫고 insert를 그 hole에 압입 또는 초음파로 삽입하는 2차 가공방식을 취하는 경우가 많다. insert의 외형을 각형으로 하면 성형품에서 그 부분에 응력이 집중하고 insert부로부터의 응력에 의해 갈라짐이 많이 생기므로 가능한 원형 insert를 사용하는 것이 좋다. 삽입된 insert의 plastic 내에서의 고정은 plastic의 열팽창이 금속에 비해 훨씬 큰 것을 이용한 것이다. 따라서 냉각되면 insert는 plastic 중에 고정되므로 인발력에서도 대항할 수 있게 된다. Insert가 있는 제품에서는 insert를 잡아주기 위해 보통의 횡형(橫形)사출기가 사용되지 않고 입형(立形)사출기를 사용하는 경우가 많다.

## 1) Insert의 고정형상

Insert를 plastic에 고정하기 위한 형상으로는 여러 가지가 있다. 가장 일반적인 것은 insert 외주(外周)에 knurling(널링)하는 방법, 원주 양측을 커트하는 방법, 원주에 홈을 내는 방법, plate형 metal일 경우는 구멍 뚫는 방법 등이 있다(그림 3-55).

## 2) 금형에서의 Insert 고정

Insert는 금형에 충분히 고정되어 있어 금형으로부터의 진동에도 빠지지 않고, insert와 금형과의 틈으로 수지가 유입되지 않도록 해야 한다. 따라서, 유입을 방지하기 위해서 insert의 직경은 금형의 직경보다 0.02mm 이내로 작게 한다. 수나사가 있는 insert를 사용할 경우는 외경을 상기의 범위에 들어오도록 하고 insert 근원에는 평탄부를 주어 사출시 용융된 plastic이 나사부로 흘러나오지 않도록 해야 한다. 특히 insert의 plastic쪽에 매립된 직경이 수나사 직경보다 큰 것이 제일 좋다(그림 3-56).

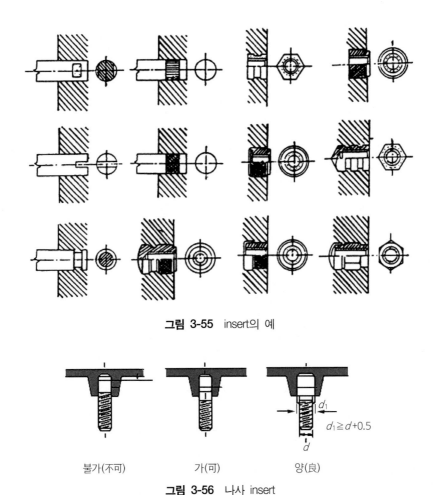

**그림 3-55** insert의 예

불가(不可)          가(可)          양(良)

$$d_1 \geqq d + 0.5$$

**그림 3-56** 나사 insert

  그림 3-57에서와 같이 구멍을 제품에 insert를 중간까지 넣어야 할 경우, insert가 성형 중 뜨지 않도록 하기 위해 금형에서 핀을 캐비티 및 코어 양측에서 세워 insert 면에서 받도록 하지 않으면 여러 가지 지장이 발생한다.
  Insert 끝면에서 핀으로 잡기 위해 필연적으로 plastic 측의 구멍은 insert의 구멍보다 커야 한다. 그 직경의 차는 insert 크기에 따라 다르나 구멍 직경이 $\phi 2 \sim 3\,mm$일 때, 그 차는 $0.5\,mm$ 정도면 된다. 이 경우에도 insert의 치수 허용차는 엄밀하게 취급되어야 한다. 판상 insert의 고정은 그림 3-58과 같이 insert를 상하에서 끼워 고정하도록 하지 않으면 구부러짐이 생길 수 있고 경우에 따라서는 insert가 성형품의 면에 들 수도 있다. 판상의 insert가 들어간 성형은 거의 입형 사출기가 필요하다.

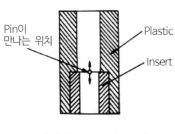

**그림 3-57** insert의 고정

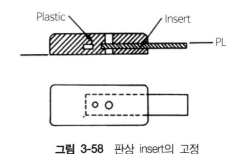

**그림 3-58** 판상 insert의 고정

### 3.3.17 금형에서의 제약

성형물에서 집중응력을 분산시키고 수지의 흐름을 좋게 하기 위해 sharp edge를 피해야 됨을 이미 설명한 바 있다. 금형에서도 sharp edge를 피해 제작상 불가능 부분을 없애고 또한 제작의 용이성을 주는 것 등의 주의가 필요하다.

#### 1) 금형의 Sharp-Edge를 피한다.

3.1.13항에서 금형에서 sharp edge가 되는 것을 피하기 위해 나사의 선단 및 근원에 평활부를 두어야 한다고 설명한 바 있는데, 그와 같은 예는 그밖에도 많이 있다. 예를 들어, 그림 3-59와 같은 파형의 형상에서 그 골부위가 sharp edge가 되지 않도록 한다.

가(可)          불가(不可)          불가(不可)

**그림 3-59** 제품의 골부위의 Sharp Edge

#### 2) 가는 형상을 피한다.

가는 형상의 공작은 공구가 가늘어야 되므로 공구가 부러지기 쉬우며, 깊은 경우에는 방전가공으로 처리해야 한다. 따라서, 별도의 코어를 사용해야 하므로 금형 제작비가 높아진다.

#### 3) 좌우 비대칭의 형상은 피한다.

그림 3-60과 같이 좌우 비대칭의 형상은 금형

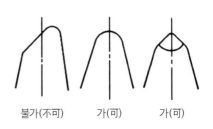

불가(不可)      가(可)      가(可)

**그림 3-60** 좌우형상의 각도

제작시 조각이 어려워서 수작업으로 한다든가 방전가공 등을 사용하지 않으면 제작이 어렵게 된다. 따라서, 가능하면 좌우대칭이 될 수 있도록 한다.

### 4) 경사 Boss 및 경사 Hole은 피한다.

경사 boss 및 hole은 side core를 사용하면 성형이 안 되는 것은 아니나 금형에 slide 기구가 들어가므로 금형구조가 복잡하게 된다. 따라서, 그림 3-61의 가(可)와 같이 P/L에 직각이 되도록 노력한다. Hole이 경사로 되지 않으면 안 될 경우에는 후가공으로 하는 편이 좋을 수도 있다.

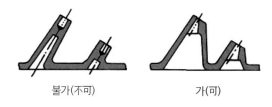

불가(不可)　　　　가(可)

**그림 3-61**　경사 Boss와 Hole

### (3.3.18) Snap Fit(스냅 핏)

Plastic은 탄성을 가지고 있으므로 snap fit를 이용하여 조립하는 것이 가능하다. 성형재료로서는 변형된 후 즉시 복구되는 성질이 있는 POM과 같은 것이 특히 적합하다. 성형품의 형상은 그림 3-62 ~3-64에 표시한 것과 같이 undercut가 있어 slide core가 필요하다. 그러나 그림 3-62의 hole은 강제 돌출시켜 성형이 가능한 것이며, 이를 위해서는 여기에 적합한 형상으로 하지 않으면 안 된다.

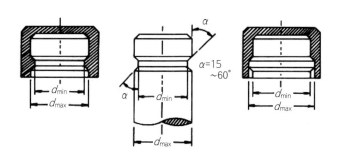

**그림 3-62**　Sanp Fit (1)

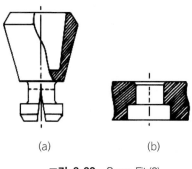

(a)　　　　　　(b)

**그림 3-63**　Snap Fit (2)

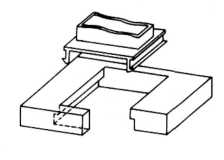

**그림 3-64**　Snap Fit (3)

보통 undercut은 금형의 parting line과 평행으로 한다. 그림 3-62의 경우의 undercut량 (H)는 다음의 식으로 계산하고, 재료별로는 표 3-11에 따라 그 값 이하로 되도록 해야 강제돌출이 가능하다.

$$H(\%) = \frac{d_{\max} - d_{\min}}{d_{\max}} \times 100$$

**표 3-11**  Snap Fit의 Undercut량

| 성형 재료 | 최대 언더컷량 H(%) |
| --- | --- |
| PS, SAN, PMMA | 1~1.5 |
| 경질 PVC, 내충격 PS, ABS, POM, PC | 2~3 |
| PA | 4~5 |
| PP, HDPE | 6~8 |
| LDPE, 연질 PVC | 10~12 |

### 3.3.19 Outsert(아웃서트) 성형

Outsert 성형이라 하는 성형법은 금속 등의 경(硬)한 재질의 base 상에 부분적인 여러 가지 부품을 plastic 사출성형시키는 방법이다. 그림 3-65는 그 예를 표시한 것이다.

이 방법의 목적은 plastic 각 부품을 독립시킴으로써 plastic 각 부품의 자체는 성형 수축률에 의해 수축되지만 각 부품간에는 성형수축률이 작용하지 않고, 온도변화에 대해서도 base의 선팽창계수에만 관련되므로 부품간의 거리를 정확히 유지시킬 수 있게 된다.

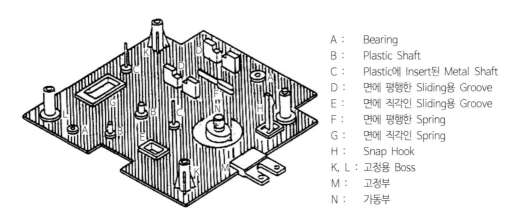

A : Bearing
B : Plastic Shaft
C : Plastic에 Insert된 Metal Shaft
D : 면에 평행한 Sliding용 Groove
E : 면에 직각인 Sliding용 Groove
F : 면에 평행한 Spring
G : 면에 직각인 Spring
H : Snap Hook
K, L : 고정용 Boss
M : 고정부
N : 가동부

**그림 3-65**  Outsert 성형품

각 기능부품의 plastic 사출은 각 개별적으로 핀 포인트 gate를 사용해도 좋으나 2개 이상의 부품을 2차 runner로 연결, 이것에 사출하여도 좋다. 그러나 이 경우는 개개의 부품에 응력이 걸리지 않

도록 하기 위해 그림 3-66과 같이 2차 runner는 S자형으로 하면 좋다. 길이가 긴 부품을 outsert할 경우는 성형수축률 때문에 base를 휘게 할 우려가 있으므로 base 이면에도 성형물을 부착시켜 수축에 의한 힘을 균형되도록 해야 한다.

그림 3-66 Outsert 성형의 2차 Runner

### (3.3.20) 강도에 대한 설계

Plastic 제품설계에서 형상에 대한 설계 외에 강도에 대한 설계가 필요한 것은 당연하다. plastic은 탄성물질이므로 그 변형량은 시간에 따라 변화하고 하중을 제거한 후에도 원래의 형상으로 되돌아오지 않는다. 즉, creep(크리프)가 발생한다.

Plastic 성형품의 강도계산에 있어서는 금속재료의 강도계산식에 plastic의 인장강도, 탄성률 등을 그대로 대입해서는 안 되고 먼저 제품이 필요로 하는 수명을 정하지 않으면 안 된다. 다음에 그 시간에 있어서 creep 강도, creep 왜곡 및 겉보기 탄성 modulus(계수)를 구하고, 이 값을 금속강도 계산식의 강도, 왜곡 및 탄성 modulus값을 대입하여 강도 계산을 한다. 또한, plastic은 금속에 비해 강도는 온도 의존성이 크므로 creep 강도 등의 값은 사용온도일 때의 것을 취하지 않으면 안 된다.

또한 creep 시험은 간단하지만 제품의 필요수명에서의 값이 필요하기 때문에 많은 경우에 경험 데이터가 필요하게 된다. 그러므로 creep 강도, creep 왜곡 및 겉보기 탄성 modulus의 값은 신뢰도가 낮으므로 금속의 경우에 비해 안전율을 크게 해야 한다.

## 3.4 성형품의 2차 가공

### (3.4.1) Annealing(어닐링)

사출성형법은 낮은 온도의 금형 중에 높은 온도의 가소화된 plastic을 고압으로 밀어 넣어 성형하는 방법이므로 필연적으로 제품에는 내부응력이 남게 된다. 특히 gate 부근에서 응력이 제일 크게 된다. 그 내부응력이 지나치게 크면 방치된 상태에서도 갈라지는 현상이 생기고, 용제 등에 접촉하면 stress cracking을 일으키기 쉽고, crazing(크레이징) 현상도 발생하기 쉽다. 내부응력은 annealing을 함으로써 제거될 수 있다.

Annealing은 공기중 또는 수중에서 plastic 성형물을 가열시키는 방법으로 하고 있다. annealing의 온도는 그 성형품이 가열에 의해 연화점(softening point)보다 5~10℃ 낮은 점에서 하면 좋다. 비결정성 plastic은 가열에 의해 연화하는 온도 기준으로 하중 변형온도(deflection temperature under load)에 맞추면 좋으나, 결정성 plastic에서는 하중변형온도는 annealing하는 온도의 기준이 될 수 없다.

## 3.4.2 기계 가공

금형 내지는 성형법상 제약에서 기계가공을 하지 않으면 안 되는 경우가 있고, 사출성형품상에서의 정밀도보다 그 이상이 요구될 때 기계가공을 하는 경우도 있다. plastic 성형품의 기계가공은 금속 및 목재용 기계에서 가능하나 열가소성 plastic에서는 지나치게 빠르게 바이트를 동작시키면 마찰열로 용착하는 점에 주의해야 한다. 따라서 바이트의 과열을 피하기 위해서는 절삭부를 공냉과 수냉을 겸용하면 매우 유효하다.

구멍을 뚫기 위해서는 금속용 drill bit(드릴용 날)가 사용되나 plastic은 탄성이 있으므로 drill bit 직경보다 약간 작게 나올 수 있는 것이 금속과의 차이이다. 따라서, drill bit의 선택은 시행오차를 거쳐 하는 것이 좋다.

Punching(펀칭)에 의한 타발법도 2차 가공법으로 많이 사용되고 있다. 깨지기 쉬운 일반용 PS, PMMA 수지 등은 가열한 후 타발하는 것이 좋으며, 그 외 plastic은 용이하게 타발된다. 또한, punching에 의한 2차 가공법은 ring gate라든가 film gate의 절단, 구멍을 뚫는 데도 사용되고 있다.

## 3.4.3 조 립

Plastic 성형품 상호 혹은 다른 부품과의 조립이 있게 마련이다.

### 1) Insert의 압입

Insert를 삽입하여 성형하면 사출성형기의 무인운전이 곤란하게 되고 성형 cycle이 떨어지게 된다. 이 문제점을 해결하는 방법으로서는 성형품에 pilot hole만 성형시키고, 그 hole에 insert를 성형물에 압입시키고 machine screw 등을 이용하여 다른 부품을 고정하는 방법이다. 그 압입방법으로서는 초음파, 냉간강제압입이 있으며, 접착제에 의한 접착고정방법도 있다. 그림 3-67은 insert 형상의 예이다.

**그림 3-67** 압입 Insert와 설계 예

### 2) Screw에 의한 조립

Plastic 성형품 상호 조립 또는 다른 부품의 조립에서 screw가 가장 많이 사용되고 있다. 보통 작은 screw에 대해서는 성형품에 나사를 내지 않고 boss에 pilot hole을 뚫고 self tapping screw를 사용하는 경우가 대부분이다(3.1.9 2)항 참조).

그러나 self tapping screw에 의한 고정방법은 insert를 삽입하고 machine screw를 사용하는 고정방법보다는 체결강도가 크지 않음에 주의할 필요가 있다.

### (1) Self Tapping Screw의 신뢰성

위에서 언급한 바와 같이 plastic 조립에서 양산화의 목적으로 insert 삽입 대신 self tapping screw가 많이 사용되므로 그 신뢰성을 확인하기 위해 신뢰성 시험이 실시되었다.

성형품을 self tapping screw로 반복하여 죄고 풀 때 성형품의 나사산이 파괴되어 고정불능이 된다고 예상할 수 있다. 따라서 일정 torque로 죈 후, 그 풀림 torque를 측정했다. 그 결과 통상의 죄고 푸는 반복횟수에는 풀림 torque의 변동은 거의 없었으며 나사의 파괴 등도 발생되지 않는 것이 확인되었다.

다음에 온·습도 등이 체결력에 미치는 영향을 조사하기 위해 온·습도 cycle 시험을 한 후 풀림 torque를 측정했다(온습도 cycle 시험조건은 제품의 사용환경을 고려하여 결정). 죔 torque에 대한 풀림 torque의 비율과 온습도 cycle 횟수의 관계에서 1 cycle 경과 후 풀림 torque는 죔 torque의 약 1/5로 저하하나, 그 이후에서는 급격한 저하는 발생되지 않는다.

온습도에 의해 풀림 torque는 저하하여도 그 후의 진동 등에 의한 풀림 torque는 저하하지 않아 실용상 충분한 체결력을 가지고 있음이 확인되었다.

### (2) Self Tapping Screw의 종류와 특징

종래에는 pan head type 2종(KSB 1032)이 많이 사용되었으나, 현재에는 tap tite screw라는 상품명으로 명명된 self tapping screw가 일반적으로 사용되고 있다. tap tite screw는 미국의 continental screw사(社)에서 개발되어 fastener 공업계에 신제품의 하나로 평가되고 있다.

Tap tite screw는 일반적으로 볼 때 종래의 것과 유사하나 나사직경 방향으로 단면을 보면 외경을 3개의 원호가 삼각형으로 이루고 있으며, 또한 종래의 나사와는 외경, 유효경 및 골경(골지름)이 상이함을 알 수 있다. 따라서, 원주상에 3개의 원호로 된 돌기가 있기 때문에 적은 죔 torque로서 plastic에 나사산을 전조성형시킬 수가 있어 가장 이상적인 thread forming할 수 있게 된다(그림 3-68).

Tap Tite Screw의 특징은 다음과 같다.
① 나사의 접속률이 높아 큰 체결력을 얻을 수 있다.
② 진동에 대한 풀림방지효과가 크다.
③ 풀림 torque가 크고 tapover(탭오버) 현상이 적다.

Tap tite screw에는 여러 종류가 있으며 용도에 따라 그 종류를 선택하고 있다. 표 3-12는 일반 tapping screw 및 tap tite screw의 형상과 용도를 나타낸 것이다.

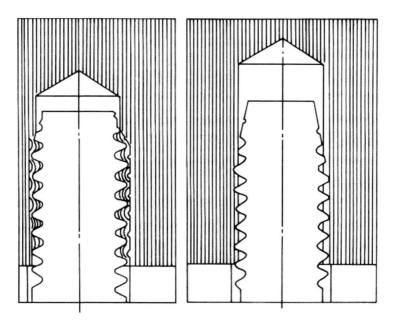

**그림 3-68**  일반 Tapping Screw와 Tap Tite Screw의 Thread Forming

**표 3-12**  Tap Tite Screw의 종류와 용도

| 형 상 | 용 도 | 비 고 |
|---|---|---|
| 일반 tapping screw (KSB1032 2종)<br><br>60° 나사산 모양 | 플라스틱, Al, 1.2t 이하의 철판 | 호칭경 $\phi$3의 피치=1.05 |
| **TAP TITE SCREW** — S-type | 철판, 알루미늄, 아연 die casting 제품에 사용된다. | pitch는 machine screw와 동일. |
| C-type | 철판, 알루미늄, 아연 die casting 제품에 사용된다. | pitch는 machine screw와 동일하며 나사외경은 같은 호칭경에서 S-type보다 작다. |

| 형 상 | 용 도 | 비 고 |
|---|---|---|
| T A P T I T E S C R E W — B-type (그림) | 박판, 알루미늄, 아연 die casting 및 일반 가소성 플라스틱에 사용된다. | pitch는 KSB1032 2종(예 ; 호칭경 $\phi3$의 경우 1.05)과 동일. |
| P-type (그림) | 일반 가소성 플라스틱에 전용 사용된다. | pitch는 B-type보다 크며(예 : 호칭경 $\phi3$의 경우 1.27), 나사외경은 같은 호칭경에서 B-type보다 크다. |

(plastic 재료에서는 P-type을 사용하는 것이 최적이나 알루미늄, 아연 die casting 등에도 공용으로 사용할 수 있도록 B-type을 널리 사용하고 있다.)

### 3) 초음파 용착(Ultrasonic Welding)

#### (1) 원리

18k~20kHz 이상의 가청범위를 넘은 주파수음을 초음파라 부르며 초음파의 응용기기를 크게 나누면, 통신적 이용방법과 동력적 이용방법이 있다. 전자의 응용 예로서는 어군탐지기, 균열탐지기 등이 있고, 후자의 응용 예로서는 세정기가 대표적이다. Plastic 용착은 기계적 에너지를 효과적으로 이용한 후자의 응용 예이다. 그 원리는 전기신호는 기계적 진동으로 변환되고, 그 진동주파수와 진동 진폭에 압력을 가함으로써 용착부에 분자간 마찰열이 일어나 plastic을 용융, 용착시키는 것이다.

#### (2) 장치

① Power Supply(파워 서플라이)

전원의 60Hz 전기신호를 20kHz의 전기신호로 변환시킨다.

② Converter(컨버터)

Power supply에서 발진된 20kHz의 전기신호는 본 unit에 의해 20kHz의 기계적 진동으로 변환된다.

③ Booster(부스터)

Converter와 horn을 접속시킨다.

④ Horn(호른)

Converter에서의 진동은 horn에 의해 확대되고 용착되는 부품에 초음파 진동을 전달한다.

⑤ Jig(지그)

Jig는 용착되는 2개의 부품을 적정한 위치에 고정시키고 용착시에 초음파 진동으로 부품이 이동되는 것을 방지한다.

## (3) 특징

초음파 용착방법은 screw를 사용하여 조립할 경우 다수 개가 필요하고 작업성이 좋지 않을 때 screw용 boss를 세울 만한 space가 없을 경우, 다시는 분해할 필요가 없을 때 본 초음파 조립방법을 사용하고 있다.

초음파 용착의 특징은 horn에서 전달된 초음파진동이 용착부에만 국부 발열을 일으키므로 cycle이 짧고(보통 1초 이하) burr도 생기기 않는다. 균일하게 작업이 되며, 강도는 모재(母材)에 가깝게 유지되며, 외관이 깨끗하며, 가격도 저렴하고 자동화가 쉽다. 또한 같은 장치에서 호른을 교환함으로써 용착뿐 아니라 inserting 작업, staking, spot welding 등도 가능해 그 응용범위가 넓다.

## (4) 적합 재료

초음파용착은 열가소성 plastic에 한하며, 그 중에서도 비결정성이 일반적으로 양호하다. 결정성 수지의 용착은 그림 3-69와 같이 강력한 에너지를 필요로 하고 형상, 용착면까지의 거리, 흡수성, 접합설계 등을 충분히 고려하여야 한다.

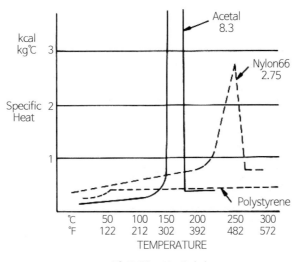

**그림 3-69** 열 에너지

## (5) 접합부 설계

초음파를 이용한 plastic 조립방법에는 용착, inserting(인서팅), staking(스테이킹), swaging(스웨이징), spot welding(스폿 용접) 등이 있다. 만족한 결과를 얻기 위해서는 접합부의 형상설계가 무엇보다도 중요한 요소가 되므로 다음의 각 방법에 대해 기본설계를 설명한다.

① 용착

그림 3-70은 용착되는 파트(part)에 접합설계가 설정되지 않기 전과 설계된 후의 용착면 및 효과를 나타내는 것으로 접합설계가 되어 있으면 단시간 내에 강력한 용착이 되는 것을 알 수 있다. 그 돌기물을 energy director라 부르고, 초음파 진동이 그 부분에 집중 전달되어 국부적인 마찰열을 발생시켜 plastic을 용융시켜 용착된다.

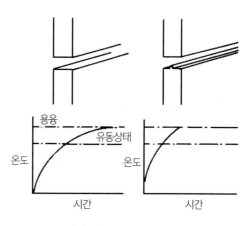

그림 3-70   Energy Director

그림 3-71은 butt joint에 energy director를 설정한 것으로, energy director가 용착폭에 작으면 용착폭의 양단까지 충분히 용착되지 않고 강도도 약하게 된다. 반대로 지나치게 크면 burr가 발생하고 수지의 열화(degration : 제품이 열 또는 광에 의해 그 화학적 구조에 유해한 변화를 일으키는 것으로 특히, 물리적 성질에 영구변형이 일어나 성질이 저하하는 현상)의 원인으로 된다.

일반적으로 용착폭 W에 대하여 높이는 W/4, 폭 W/2로 설정한다. 예를 들어, 용착물의 폭이 1mm일 때 높이는 0.25mm, 폭은 0.5mm가 된다. 보통 energy director의 높이는 특별한 경우를 제외하고는 1mm 이하이다.

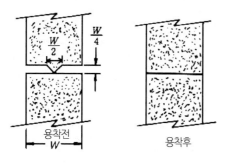

그림 3-71   Butt Joint

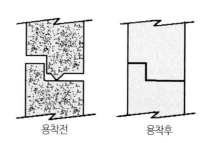

그림 3-72   Step Joint

그림 3-72는 용착되는 2개의 파트의 위치 결정이 되면 바깥 측면으로 과도한 용착 burr를 없애기 위해 사용되며 step joint라 한다. 이 설계가 일반적으로 많이 사용된다.

그림 3-73은 특히 결정성 plastic용으로 개발된 디자인으로 shear joint라 부르며 Nylon, POM, PBT, PPS, PE, PP 등의 용착에 효과적이다. 일반적으로 결정성 수지는 좁은 온도범위에서 급격히 고체에서 용융상태로 변화하므로 energy director에는 용융된 수지가 인접 접합면으로 융합되기 전에 급속히 고체화하기 때문에 양호한 결과를 얻을 수 없는 경우가 많다.

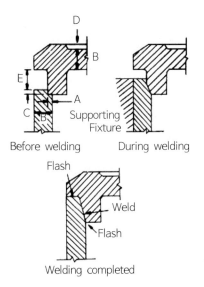

Dimension A :
.016 inches.
Suggested for most applications.
Dimension B :
This is the general wall thickness.
Dimension C :
.016~.024 inches. This recess is to
ensure precise location of the lid.
Dimension D :
This recess is optional and is generally
recommended for ensuring good contact
with the welding horn.
Dimension E :
Equal to or greater than dimension B.

**그림 3-73**  Shear Joint

Shear joint에서 용착부는 작은 접촉면으로 되는 것이 발열효과가 양호해져 충분한 용융상태로 된다.

② Inserting(인서팅)

Inserting은 가소성 plastic에 insert를 삽입시키는 기술로 제품설계시 hole의 직경을 insert의 직경보다 약간 작게 설정한다. insert는 통상 knurling, 홈 등이 실시되고 inserting 후 인장과 torque에 대해 강력한 고정이 되도록 한다. insert 표면에 horn에서의 초음파 진동과 압력이 가해지면 insert 외경면과 plastic 부품 내경에 있어서 통상 0.2~ 0.4mm의 간섭(interference)되는 면에서 국부적인 마찰열이 발생되고 수지를 용융시킨다[그림 3-74 (a)].

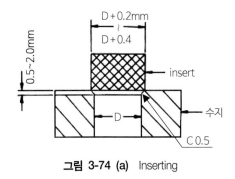

**그림 3-74 (a)**  Inserting

보스(Boss) 설계는 외경을 $D_1$, 내경을 $D_2$로 하면 $D_1 = (2 \sim 2.5)D_2$로 한다[그림 3-74(b) 참조].

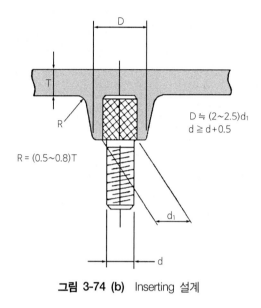

$$D \fallingdotseq (2 \sim 2.5)d_1$$
$$d \geqq d + 0.5$$
$$R = (0.5 \sim 0.8)T$$

**그림 3-74 (b)** Inserting 설계

③ Staking(스테이킹)

초음파 staking은 제품설계시 미리 stud(스터드)를 설치하고 조립될 부품을 stud에 rivetting식으로 2개의 파트를 고정하는 조립방법으로서 rivetting(리벳팅)되어 조립되어지는 부품에서는 구멍을 뚫어 stud가 그 구멍을 통과해 돌출되도록 하여야 한다.

그림 3-75에 표시한 것은 표준형 staking으로서 이것은 그 stud의 머리형상이 평평한 것이며 그 stud 높이는 stud 직경 "D"에 대해 0.8D~1.0D 정도 돌출시키도록 한다. 그림 3-76은 dome형이라 부르며 작은 stud 직경이라든가 충전 혼입수지의 staking에서 유리하며 horn과 stud와의 위치를 잡는데 있어서도 표준형에 비교하면 용이하다. 그림 3-77은 knurled staking 이다. 그림 3-78은 flush staking으로 rivetting 되어야 할 부품에 countersunk hole을 뚫은 후 staking하는 것으로 rivetting 후 평면이 되지 않으면 안 되는 부품에 유리하다. 그림 3-79는 hollow staking이라 부르며 stud 직경이 큰 경우에 사용된다. 다량의 용융이 필요하지 않으며 짧은 cycle로 강력한 rivetting이 가능하다.

용착전　　　　용착후　　　　(설계 예)

**그림 3-75** 표준형 staking

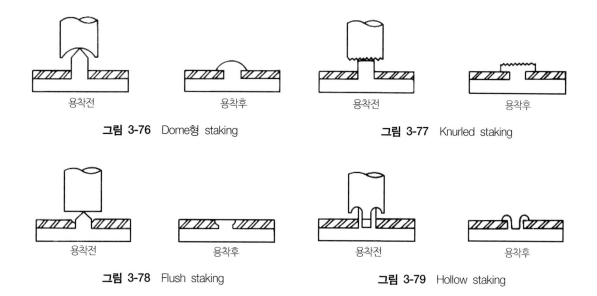

| | |
|---|---|
| **그림 3-76** Dome형 staking | **그림 3-77** Knurled staking |
| **그림 3-78** Flush staking | **그림 3-79** Hollow staking |

초음파 staking 방법 외에 냉간 rivetting 방법으로도 고정이 가능하나 결합력은 초음파 방법보다 약하다. 냉간 rivetting 방법에서는 모든 plastic이 되는 것이 아니고 PC, POM, ABS 등의 수지가 적당하다.

④ Swaging(스웨이징)

그림 3-80은 일반적으로 사용되는 swaging의 설계 예로서, 벽두께 T에 대해 높이는 1.5~2T 정도로 한다. 선단부는 호른이 삽입하기 쉽게 하고 외측에 벽두께 T는 보통 1mm 전후가 사용된다.

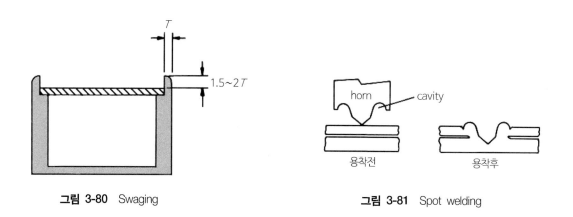

**그림 3-80** Swaging                              **그림 3-81** Spot welding

⑤ Spot Welding(스폿 용접)

그림 3-81에 표시하는 것과 같이 2매의 부품을 중첩시켜 점용착을 하여 조립하는 방식이다. horn 선단의 형상을 용융시키기 쉬운 형상으로 하기 위해 plastic 측에는 특별한 접합설계는 하

지 않는다. 2매의 용착된 plate에 초음파 진동은 tip의 선단에서 상판을 용융시키고 하판의 판 두께의 약 1/2까지 삽입되면 용융된 plastic은 tip에 미리 형성된 cavity에 흘러들어 상판의 표면은 링 형상으로 reforming된다. 판두께는 통산 1~3mm 정도가 많이 사용된다.

### 4) 용제 및 접착제에 의한 접착

열가소성 수지에서 PE, PP, POM 등을 제외하고는 거의 모든 수지가 용제에 녹는다. 그 용제에 녹는 것을 이용하여 접착하는 방법이 용제접착이다. 용제접착에는 용제를 그대로 이용하여 접착하는 방법과 용제에 plastic을 녹인 dope cement를 이용하는 방법도 있다.

용제접착의 결점으로서는 용제접착부는 용제가 휘발한 후 수축하여 접착부에 응력이 남기 때문에 crazing(크레이징)이 발생되기 쉽다. 그런 이유로 저비점용제와 고비점용제를 혼합한 것을 사용하는 방법이 좋다.

접착제로서는 합성고무계, epoxy계, urethane계, cyanoacrylate계 등의 접착제가 사용되고 있으며, 일반적인 접착에는 합성고무계 접착제가 사용되고, 강력한 접착이 필요할 때는 epoxy계 접착제가 사용되고 있다. epoxy계 접착제는 이액성이므로 사용 직전에 혼합시켜야 되며 고화하는데 시간이 걸리나 고화 전후에서 용적이 변화하지 않기 때문에 기밀성을 유지할 수 있고 접착강도가 높다. cyanoacrylate계 접착제는 고화하는데 시간이 걸리지 않고 투명하나 결정성 plastic에는 접착강도가 강하지 못하다.

### (3.4.4) 플라스틱에서의 인쇄 및 도금

#### 1) Plastic에의 인쇄

Plastic 제품에 상표, logo, 문구 등을 인쇄하기 위해 silk screen 인쇄법, hot stamp 법이 많이 이용된다.

#### (1) Silk Screen(실크 스크린) 인쇄법

본 방법은 견망(絹網 : 가는 명주실로 짠 천)에 중크롬산 백색 감광란제를 바르고 사진법의 원리로 사진 필름을 사용해서 자외선을 조사(照射)하여 감광시킨다. 빛을 받은 부분은 불용성이 되어 현상하면 감광하지 않은 부분만 녹고 필요한 인쇄될 부분만 screen 원래의 망으로 남게 된다. 이와 같이 만든 silk screen 원판을 plastic 제품 위에 놓고 잉크를 바른 롤러(roller)로 screen 면을 굴리면 잉크가 인쇄될 부분만 통과하여 제품면에 인쇄된다(그림 3-82).

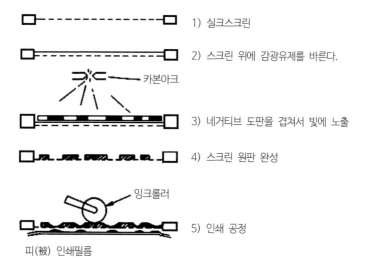

1) 실크스크린

2) 스크린 위에 감광유제를 바른다.

카본아크

3) 네거티브 도판을 겹쳐서 빛에 노출

4) 스크린 원판 완성

잉크롤러

5) 인쇄 공정

피(被) 인쇄필름

**그림 3-82** Silk Screen 인쇄공정

## (2) Hot Stamp(핫 스탬프)

Hot stamp는 plastic 제품에 문자, 눈금, 상표 등이 금속광택을 가지고 인쇄할 목적이나 제품 전체 표면에 나무무늬 등을 주기 위해 사용되는 인쇄법이다. 인쇄방법으로는 금속박 또는 착색박에 열용 융접착제를 바른 것(그림 3-83)을 plastic 제품에 겹쳐놓고 열반(가열된 형판)으로 누르면 plastic 제 품면에 금속무늬, 착색무늬가 나타난다(그림 3-84).

작업방법으로는 silicon rubber를 이용하여 전사하는 방법(plastic 제품의 돌출부위에 적용), 황동 등에 각인한 것을 압착하여 전사하는 방법(평면부위에 적용) 및 silicon rubber로 된 롤러를 회전압 착하여 전사하는 방법(넓은 평면부에 적용)이 있다.

이와 같이 hot stamp는 열접착에 의한 전사방법이므로, PE나 PP의 경우 금속(황동) 각인을 이용 한 전사방법 이외는 부착강도가 약해 사용하기 어렵다.

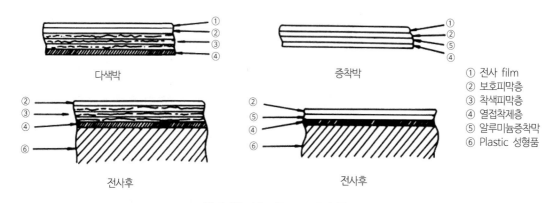

다색박

증착박

① 전사 film
② 보호피막층
③ 착색피막층
④ 열접착제층
⑤ 알루미늄증착막
⑥ Plastic 성형품

전사후

전사후

**그림 3-83** Hot Stamp 박의 구조

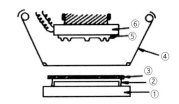

① 작업대 ② 지그 ③ 플라스틱 성형품
④ 박 ⑤ 각인 또는 실리콘 고무 ⑥ 열반(熱盤)

**그림 3-84** Hot Stamp 인쇄방법

### 2) Plastic에의 도금

Plastic 제품표면에 금속도금을 하여 여러 가지 plastic 성질 개선과 장식 목적으로 가전제품, 자동차부품 등에 널리 사용되고 있다. 도금을 함으로써 개선되는 성질은 다음과 같다.

① 금속적인 느낌을 준다.

　　Plastic 제품에 금속도금을 주면 금속제품과 같은 효과와 표면경도도 개선되므로 상품가치를 높일 수 있게 된다.

② 기계적 강도가 증가한다.

　　Plastic 재료는 일반적으로 기계적 강도가 약하나 금속도금을 하면 기계적 강도가 증가된다.

③ 내열성이 개선된다.

④ 내약품성, 내수성이 개선된다.

⑤ 전도성을 부여할 수 있다.

　　Plastic의 금속도금방법으로 다음과 같은 것이 사용된다.

### (1) 전기도금

Plastic은 전기불량도체이고 표면이 거친 면이 아니므로 그대로는 전기도금이 되지 않는다. 따라서, 앞선 공정으로 표면에 요철을 주는 화학 etching(부식)과 화학도금(일반적으로 동도금을 한다)을 실시한 후 전기도금을 하게 된다. plastic 도금의 소재로는 ABS, PC, PP, POM 등이 사용되나 ABS가 도금으로서 가장 좋은 수지이다. 전기도금의 상세공정은 다음과 같다(그림 3-85).

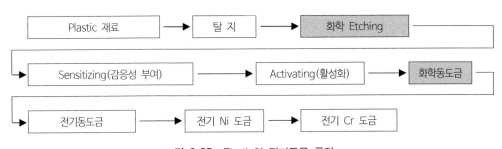

**그림 3-85** Plastic의 전기도금 공정

## (2) 진공 증착

아연, 알루미늄과 같은 저비점의 금속을 $10^{-6}$mmHg 정도의 진공 속에서 가열, 증발시켜 plastic 표면에 부착시키는 방법이다. 이 방법은 단순히 부착으로만 되는 것이므로 금속층이 얇아 plastic과의 밀착이 양호하지 못하므로 증착도금 전에 under coat를 요하고, 또한 얇은 증착막을 보호하기 위해 top coat가 필요하다. 착색된 top coat를 함으로써 금속색상의 효과를 얻을 수 있으나 부착강도는 전기도금에 미치지 못한다(그림 3-86).

## 3) 침투 인쇄

승화 인쇄(sublimation printing)라고도 부르며, 가열에 의해 승화된 염료를 plastic 중에 침

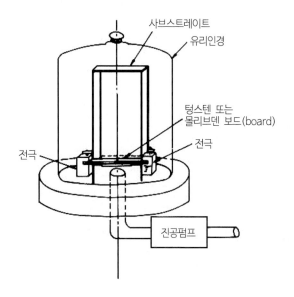

**그림 3-86**  진공증착의 원리

투시키는 인쇄법이다. plastic 표면에서 $10\mu m$ 정도의 깊이로 착색시키는 방법으로 plastic 표면이 어느 정도 마멸되어도 침투된 염료가 남아 있어 인쇄는 소멸되지 않게 된다. 침투 인쇄에 사용되는 잉크는 승화성 염료로서 특히 내마멸성, 내용제성이 우수해 3,000만 회의 마멸시험에서도 견딘다. 이 인쇄법의 적합 수지로서는 내열성이 있는 PBT가 최적이며 PET가 그 다음이다.

주로 응용되는 분야는 computer keyboard(키보드)이다.

일반적으로 keytop의 경우 보통의 plastic 인쇄법(실크 인쇄)으로는 사용중 마멸되어 지워지는 문제가 있어 2색 성형법이 사용되고 있다. 그러나 2색 성형법은 바탕재료의 색과 다른 한 가지 색밖에는 더할 수 없어 경우에 따라 한 keytop에 문자와 기호가 있어 단색만으로 표현되지 못할 때는 다색 성형으로 해야 하나, 이때의 금형제작은 고도의 기술을 요하게 되고 생산성도 좋지 않게 되어 비용면에서 매우 불리하게 된다.

침투인쇄의 출현으로 마멸에 대해 염려가 없는 다색인쇄가 가능해지고 단시간 납기가 가능해 각 분야에 널리 응용할 수 있게 되었다. 그러나 단점으로는 keytop의 재료가 PBT나 PET로 한정되고, 2색 성형법과 가격적인 면을 비교하면, 2색 성형법이 금형제작 관계로 초기투자는 많이 드나 컴퓨터 키보드와 같이 문자의 종류가 많지 않고, 제작수량이 많을 때의 제품가는 침투인쇄법이 2색 성형법보다 비싸 불리하게 된다.

CHAPTER
**04**
**사출성형품의 허용공차**

# 04 사출성형품의 허용공차

## 4.1 개 요

Plastic 사출성형품 치수의 공차는 불가피하다. 한 제품의 총공차를 정하는 데는 제품 제작상의 치수공차(제작공차) 외에도 관리 및 환경(온도 및 습도)에 따른 치수의 변경을 고려해야 한다. 본 장에서는 제작상의 치수편차만을 취급하기로 하며, 치수편차를 일으키는 원인은 여러 가지가 있다.

① 사출 성형시
- 성형재료의 불균일
- 성형기의 조정 및 금형온도

② 금형 상태
- 금형치수의 제작공차
- 금형의 마멸
- 가동되는 금형(코어)의 위치편차에 의한 성형품의 치수편차

이러한 요인과 실제 작업상의 수많은 측정결과를 고려하여 허용공차를 정하고 있다.

## 4.2 허용공차의 규격

현재 세계에서 발표된 치수의 허용공차 규격으로서는 미국의 SPI, 서독의 DIN16901, 스위스의 VSM77012로서 각종 plastic에 대해 그 공차를 정하고 있다. 이들 규격 중 정평있는 것이 DIN 16901이며, 널리 채용하고 있다. 표 4-1과 표 4-2는 본 규격을 나타낸 것이다.

**표 4-1** DIN16901 성형재료의 공차등급 그룹 표

| 1 | 2 | | 4 | 5 | 6 |
|---|---|---|---|---|---|
| | | | 공차등급 Group | | |
| 원재료의 약호 | 성형재료 | | 일반 공차 | 수치를 직접 기입할 때 | |
| | | | | 1종 | 2종 |
| EP | Epoxy 수지성형재료 | | 130 | 120 | 110 |
| EVA | Ethylene 초산 Vinyl 수지성형재료 | | 140 | 130 | 120 |
| PF | Phenol 수지성형재료 | 무기물 충전 | 130 | 120 | 110 |
| | | 유기물 충전 | 140 | 130 | 120 |
| UF MF | Amino 수지성형재료 및 Amino 수지 Phenol 수지성형재료 | 유기물 충전 | 140 | 130 | 120 |
| | | 무기물 충전 | 130 | 120 | 110 |
| | | 유기물 및 무기물 충전 | 140 | 130 | 120 |
| UP | Polyester 수지성형재료 | | 130 | 120 | 110 |
| UP | Polyester 수지 mat | | 140 | 130 | 120 |
| | 냉성형재료 | | 140 | 130 | 120 |
| ASA | Acrylonitrile·styrene·acrylester 수지성형재료 | | 130 | 120 | 110 |
| ABS | Acrylonitrile·styrene·butadiene 수지성형재료 | | 130 | 120 | 110 |
| CA | Cellulose·acetate 성형재료 | | 140 | 130 | 120 |
| CAB | Cellulose·acetate·butylate 성형재료 | | 140 | 130 | 120 |
| CAP | Cellulose·acetate·propynate 성형재료 | | 140 | 130 | 120 |
| CP | Cellulose·propynate 성형재료 | | 140 | 130 | 120 |
| PA | Polyamide 성형재료(비결정, 비충전, 충전) | | 130 | 120 | 110 |
| PA 6 | Nylon 6 성형재료[1] (비충전) | | 140 | 130 | 120 |
| PA 66 | Nylon 66 성형재료[1] (비충전) | | 140 | 130 | 120 |
| PA 610 | Nylon 610 성형재료[1] (비충전) | | 140 | 130 | 120 |
| PA 11 | Nylon 11 성형재료[1] (비충전) | | 140 | 130 | 120 |
| PA 12 | Nylon 12 성형재료[1] (비충전) | | 140 | 130 | 120 |
| | Glass 섬유강화 Nylon 6, Nylon 66, Nylon 610, Nylon 11, Nylon 12 성형재료 | | 130 | 120 | 110 |
| PB | Polybutylene 성형재료 | | 160 | 150 | 140 |
| PBTP | Polybutylene·terephthalate 성형재료 | (비충전) | 140 | 130 | 120 |
| | | (충전) | 130 | 120 | 110 |

| 1 | 2 | | 4 | 5 | 6 |
|---|---|---|---|---|---|
| | | | 공차등급 Group | | |
| 원재료의 약호 | 성형재료 | | 일반 공차 | 수치를 직접 기입할 때 | |
| | | | | 1종 | 2종 |
| PC | Polycarbonate 성형재료(비충전, 충전) | | 130 | 120 | 110 |
| PDAP | Diarylphthalate 수지성형재료(무기물 충전) | | 130 | 120 | 110 |
| PE | Polyethylene 성형수지[1] (비충전) | | 150 | 140 | 130 |
| PESU | Polyether · sulphone 성형재료(비충전) | | 130 | 120 | 110 |
| PSU | Polysulphone 성형재료(비충전, 충전) | | 130 | 120 | 110 |
| PETP | Polyethylene · terephthalate 성형재료(비결정성) | | 130 | 120 | 110 |
| | Polyethylene · terephthalate 성형재료(결정성) | | 140 | 130 | 120 |
| | Polyethylene · terephthalate 성형재료(충전) | | 130 | 120 | 110 |
| PMMA | Polymethyl · methacrylate | | 130 | 120 | 110 |
| POM | Polyacetal 성형재료[1] (비충전) 성형품의 길이 <150mm | | 140 | 130 | 120 |
| | Polyacetal 성형재료[1] (비충전) 성형품의 길이 ≧150mm | | 150 | 140 | 130 |
| | Polyacetal 성형재료[1] (Glass 섬유 충전) | | 130 | 120 | 110 |
| PP | Polypropylene 성형재료[1] (비충전) | | 150 | 140 | 130 |
| | Polypropylene 성형재료[1] (Glass 섬유 충전. Talc 또는 석면충전) | | 140 | 130 | 120 |
| PP/EPDM | Polypropylene rubber 혼합물(비충전) | | 140 | 130 | 120 |
| PPO | Polyphenylene · oxide 성형재료 | | 130 | 120 | 110 |
| PPS | Polyphenylene · sulphide(충전) | | 130 | 120 | 110 |
| PS | Polystyrene 성형재료 | | 130 | 120 | 110 |
| PVC · U | 무가소제염화 Vinyl 수지성형재료 | | 130 | 120 | 110 |
| PVC · P | 가소제를 함유한 염화 Vinyl 수지성형재료 | | 현재 미결정 | | |
| SAN | Styreneacrylonitrile 수지성형재료(비충전, 충전) | | 130 | 120 | 110 |
| SB | Styrene · butadiene 수지성형재료 | | 130 | 120 | 110 |
| | Polyphenylene · oxide와 Polystyrene의 혼합물(비충전, 충전) | | 130 | 120 | 110 |
| | 불화 Polyethylene-Polypropylene 성형재료 | | 150 | 140 | 130 |
| | 열가소성 Polyurethane | Shore A경도 70 내지 90의 제품 | 150 | 140 | 130 |
| | | Shore D경도 50 이상의 제품 | 140 | 130 | 120 |

**표 4-2** 일반공차 외 수치를 직접 기입할 때의 공차 (DIN16901)

**일반 공차 (호칭 치수 범위)**

| 제1표의 공차등급 그룹 | 판별기호[1] | 이상0 미만1 | 1~3 | 3~6 | 6~10 | 10~15 | 15~22 | 22~30 | 30~40 | 40~53 | 53~70 | 70~90 | 90~120 | 120~160 | 160~200 | 200~250 | 250~315 | 315~400 | 400~500 | 500~630 | 630~800 | 800~1000 |
|---|---|---|---|---|---|---|---|---|---|---|---|---|---|---|---|---|---|---|---|---|---|---|
| 160 | A | ±0.28 | ±0.30 | ±0.33 | ±0.37 | ±0.42 | ±0.49 | ±0.57 | ±0.66 | ±0.78 | ±0.94 | ±1.15 | ±1.40 | ±1.80 | ±2.20 | ±2.70 | ±3.30 | ±4.10 | ±5.10 | ±6.30 | ±7.90 | ±10.20 |
| 160 | B | ±0.18 | ±0.20 | ±0.23 | ±0.27 | ±0.32 | ±0.39 | ±0.47 | ±0.56 | ±0.68 | ±0.84 | ±1.05 | ±1.30 | ±1.70 | ±2.10 | ±2.60 | ±3.20 | ±4.00 | ±5.00 | ±6.20 | ±7.80 | ±9.90 |
| 150 | A | ±0.23 | ±0.25 | ±0.27 | ±0.30 | ±0.34 | ±0.38 | ±0.43 | ±0.49 | ±0.57 | ±0.68 | ±0.81 | ±0.97 | ±1.20 | ±1.50 | ±1.80 | ±2.20 | ±2.80 | ±3.40 | ±4.30 | ±5.30 | ±6.60 |
| 150 | B | ±0.13 | ±0.15 | ±0.17 | ±0.20 | ±0.24 | ±0.28 | ±0.33 | ±0.39 | ±0.47 | ±0.58 | ±0.71 | ±0.87 | ±1.10 | ±1.40 | ±1.70 | ±2.10 | ±2.70 | ±3.30 | ±4.20 | ±5.20 | ±6.50 |
| 140 | A | ±0.20 | ±0.21 | ±0.22 | ±0.24 | ±0.27 | ±0.30 | ±0.34 | ±0.38 | ±0.43 | ±0.50 | ±0.60 | ±0.70 | ±0.85 | ±1.05 | ±1.25 | ±1.55 | ±1.90 | ±2.30 | ±2.90 | ±3.60 | ±4.50 |
| 140 | B | ±0.10 | ±0.11 | ±0.12 | ±0.14 | ±0.17 | ±0.20 | ±0.24 | ±0.28 | ±0.33 | ±0.40 | ±0.50 | ±0.60 | ±0.75 | ±0.95 | ±1.15 | ±1.45 | ±1.80 | ±2.20 | ±2.80 | ±3.50 | ±4.40 |
| 130 | A | ±0.18 | ±0.19 | ±0.20 | ±0.21 | ±0.23 | ±0.25 | ±0.27 | ±0.30 | ±0.34 | ±0.38 | ±0.44 | ±0.51 | ±0.60 | ±0.70 | ±0.90 | ±1.10 | ±1.30 | ±1.60 | ±2.00 | ±2.50 | ±3.00 |
| 130 | B | ±0.08 | ±0.09 | ±0.10 | ±0.11 | ±0.13 | ±0.15 | ±0.17 | ±0.20 | ±0.24 | ±0.28 | ±0.34 | ±0.41 | ±0.50 | ±0.60 | ±0.80 | ±1.00 | ±1.20 | ±1.50 | ±1.90 | ±2.40 | ±2.90 |

**수치를 직접 기입할 때의 공차 범위**

| 제1표의 공차등급 그룹 | 판별기호[1] | 이상0 미만1 | 1~3 | 3~6 | 6~10 | 10~15 | 15~22 | 22~30 | 30~40 | 40~53 | 53~70 | 70~90 | 90~120 | 120~160 | 160~200 | 200~250 | 250~315 | 315~400 | 400~500 | 500~630 | 630~800 | 800~1000 |
|---|---|---|---|---|---|---|---|---|---|---|---|---|---|---|---|---|---|---|---|---|---|---|
| 160 | A | 0.56 | 0.60 | 0.66 | 0.74 | 0.84 | 0.98 | 1.14 | 1.32 | 1.56 | 1.88 | 2.30 | 2.80 | 3.60 | 4.40 | 5.40 | 6.60 | 8.20 | 10.20 | 12.50 | 15.80 | 20.00 |
| 160 | B | 0.36 | 0.40 | 0.46 | 0.54 | 0.64 | 0.78 | 0.94 | 1.12 | 1.36 | 1.68 | 2.10 | 2.60 | 3.40 | 4.20 | 5.20 | 6.40 | 8.00 | 10.00 | 12.30 | 15.60 | 19.80 |
| 150 | A | 0.46 | 0.50 | 0.54 | 0.60 | 0.68 | 0.76 | 0.86 | 0.98 | 1.16 | 1.36 | 1.62 | 1.94 | 2.40 | 3.00 | 3.60 | 4.40 | 5.60 | 6.80 | 8.60 | 10.60 | 13.20 |
| 150 | B | 0.26 | 0.30 | 0.34 | 0.40 | 0.48 | 0.56 | 0.66 | 0.78 | 0.94 | 1.16 | 1.42 | 1.74 | 2.20 | 2.80 | 3.40 | 4.20 | 5.40 | 6.60 | 8.40 | 10.40 | 13.00 |
| 140 | A | 0.40 | 0.42 | 0.44 | 0.48 | 0.54 | 0.60 | 0.68 | 0.76 | 0.86 | 1.00 | 1.20 | 1.40 | 1.70 | 2.10 | 2.50 | 3.10 | 3.80 | 4.60 | 5.80 | 7.20 | 9.00 |
| 140 | B | 0.20 | 0.22 | 0.24 | 0.28 | 0.34 | 0.40 | 0.48 | 0.56 | 0.66 | 0.80 | 1.00 | 1.20 | 1.50 | 1.90 | 2.30 | 2.90 | 3.60 | 4.40 | 5.60 | 7.00 | 8.80 |
| 130 | A | 0.36 | 0.38 | 0.40 | 0.42 | 0.46 | 0.50 | 0.54 | 0.60 | 0.68 | 0.76 | 0.88 | 1.02 | 1.20 | 1.50 | 1.80 | 2.20 | 2.60 | 3.20 | 3.90 | 4.90 | 6.00 |
| 130 | B | 0.16 | 0.18 | 0.20 | 0.22 | 0.26 | 0.30 | 0.34 | 0.40 | 0.48 | 0.56 | 0.68 | 0.82 | 1.00 | 1.30 | 1.60 | 2.00 | 2.40 | 3.00 | 3.70 | 4.70 | 5.80 |
| 120 | A | 0.32 | 0.34 | 0.36 | 0.38 | 0.40 | 0.42 | 0.46 | 0.50 | 0.54 | 0.60 | 0.68 | 0.78 | 0.90 | 1.06 | 1.24 | 1.50 | 1.80 | 2.20 | 2.60 | 3.20 | 4.00 |
| 120 | B | 0.12 | 0.14 | 0.16 | 0.18 | 0.20 | 0.22 | 0.26 | 0.30 | 0.34 | 0.40 | 0.48 | 0.58 | 0.70 | 0.86 | 1.04 | 1.30 | 1.60 | 2.00 | 2.40 | 3.00 | 3.80 |
| 110 | A | 0.18 | 0.20 | 0.22 | 0.24 | 0.26 | 0.28 | 0.30 | 0.32 | 0.36 | 0.40 | 0.44 | 0.50 | 0.58 | 0.68 | 0.80 | 0.96 | 1.16 | 1.40 | 1.70 | 2.10 | 2.60 |
| 110 | B | 0.08 | 0.10 | 0.12 | 0.14 | 0.16 | 0.18 | 0.20 | 0.22 | 0.26 | 0.30 | 0.34 | 0.40 | 0.48 | 0.58 | 0.70 | 0.86 | 1.06 | 1.30 | 1.60 | 2.00 | 2.50 |
| 정밀가공 기술 | A | 0.10 | 0.12 | 0.14 | 0.16 | 0.20 | 0.22 | 0.24 | 0.26 | 0.28 | 0.31 | 0.35 | 0.40 | 0.50 | | | | | | | | |
| 정밀가공 기술 | B | 0.05 | 0.06 | 0.07 | 0.08 | 0.10 | 0.12 | 0.14 | 0.16 | 0.18 | 0.21 | 0.25 | 0.30 | 0.40 | | | | | | | | |

1) A : 금형에 의해 직접 정해지는 치수, B : 금형에 의해 직접 정해지지 않는 치수

본 규격의 적용범위는 열경화성 및 열가소성 수지를 사출성형, 압축성형하여 제작한 성형품의 허용 치수공차에 관해 적용하고, 압출제품, blow 성형품, 소결부품 및 절삭 수지물에 대해서는 규정하지 않는다. 본 규격에서는 금형에 의해 직접 정해지는 치수와 금형에 의해 직접 정해지지 않는 치수로 나누어 정하고 있다(그림 4-1).

또한, 본 규격에서는 일반공차와 수치(등급)를 직접 기입할 때의 공차범위로 나누어져 있으며, 이 중 수치(등급)를 직접 기입할 때의 공차범위에서는 1종과 2종으로 다시 나누어져 있다. 1종은 그다지 지키기 어렵지 않으나 2종은 제작상 큰 비용을 필요로 하므로 중요한 조립 및 접속치수 등 특수한 경우에만 적용한다. 그밖에 정밀가공등급의 공차가 있으며, 이것은 160mm까지 한하고 있다. 표시방법으로서는 단순히 "DIN16901"이라 하면 일반공차를 의미하며, 수치(등급)를 직접 기입하고자 할 때, 예를 들어 140이라 하면 "140 DIN16901"이라 표시한다. 그리고 수치(등급)를 직접 기입할 때의 공차범위에서 무기호공차는 +공차나 −공차 또는 ±공차를 나타낸다.

예를 들어, 공차범위 0.8일 때는 $^{+0.8}_{0}$ 또는 $^{0}_{-0.8}$ 또는 ±0.4 또는 $^{+0.6}_{-0.2}$ 또는 $^{+0.3}_{-0.5}$ 등이다. 그러나 일반적으로 허용공차범위=±$\dfrac{공차}{2}$로 통용되고 있다.

| 금형에 의해 직접 정해지는 치수 | 금형에 의해 직접 정해지지 않는 치수 |
|---|---|
| 이것은 성형품의 그 부분이 금형 하나의 부분 중에 포함되는 치수이고 아래 그림의 각부 치수가 이에 해당되고, 금형의 웅(雄, 수)형 또는 자(雌, 암)형이 어느 한 쪽만에 의해 정해지는 치수이고 싱크마크가 생기는 방향이나 그 두께에 영향을 받지 않는 치수이다. | 이것은 치수가 금형 2개 이상 부분에서 만들어지는 것이고 아래 그림의 각부 치수가 이에 해당한다. 상자류의 외측높이, 밑두께 등 파팅라인에 걸친 치수 측벽두께 등의 자웅(雌雄, 암수)형 상호관계로 정해지는 치수 그밖에 사이드 코어 등에 걸치는 치수이다. |
| 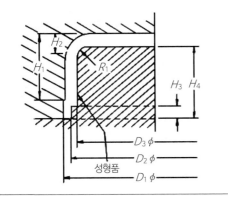 | 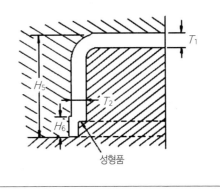 |

**그림 4-1** 금형에 의해 직접 정해지는 치수와 정해지지 않는 치수

본 규격에서는 "일반공차" 외 "수치(등급)를 직접 기입할 때의 공차범위"로 나누어져 있으며, 이 중 수치(등급)를 직접 기입할 때의 공차범위에서는 1종과 2종(표 4-1)으로 다시 나누어져 있다. 1종

은 그다지 지키기 어렵지 않으나, 2종은 제작상 정밀가공이 되어 큰 비용을 필요로 하므로 중요한 접속치수 등 특별한 경우에만 적용한다. 그밖에 특수정밀 가공등급의 공차가 있으며 160mm까지 한정되어 있다.

표시방법은 단순히 "DIN16901"이라 하면 일반공차를 의미하며 수치(등급)를 직접 기입코자할 때 예를 들어 120이라면 "120 DIN16901"이라 표기한다. 그리고 "수치(등급)를 직접 기입할 때"의 공차 범위에서 무기호 공차는 +공차나 −공차 또는 ±공차를 나타낸다.

## 4.3 제품의 치수공차와 허용오차

### 1) 측정기의 선택방법

정밀도 요구에 부응되는 측정기의 선택방법의 예를 표 4-3에 나타낸다. 측정기의 선정에 있어서 중요한 것은 측정목적을 고려한 뒤에(예를 들면 실측치가 필요한가, 합격·불합격의 판정인가 등), 간편하고 재현성(再現性)이 좋은 것을 선정해야 한다.

그리고 측정수단은 다른 방법으로 중복 측정하는 것에 의해 측정치의 신뢰성은 올라간다. 접촉식과 비접촉식, 광학식과 전기식 등 여러 가지로 조합시켜 보면 좋다. 엔지니어링 플라스틱에 의한 기구부품을 중심으로 한 정밀 성형품의 정밀도 요구도 공차 3/100∼1/100의 정밀수준에서 더욱 진전된 공차 9/1,000∼1/1,000의 초정밀수준까지 있다. 정밀수준에서는 VTR용 카세트릴, 초정밀수준에서는 광화파이버용 커넥터와 VTR용 가이드롤러 등이 좋은 예이다.

### 2) 측정기술

플라스틱 성형품은 모양이 복잡하고 여러 분야에 걸쳐있기 때문에 각각의 성형품에서 측정방법의 고안이 필요하다.

① 마이크로미터

일반적으로 마이크로미터는 측정력을 크게 걸쳐서 안정적으로 측정하는 것이 원칙으로 되어 있다. 플라스틱의 치수를 측정하는 작업자는 독특한 측정방법을 이용하고 있다. 이것은 마이크로미터를 마치 한계게이지와 같이 사용해서 극히 측정력이 가볍기 때문에 마이크로미터의 앤들과 스핀들 사이에서 성형품을 움직이면서 치수를 측정한다. 측정능력이 높은 측정자는 측정의 산포를 $10\mu m$ 이하로 하는 것이 가능하다.

② 저측정력 플라스틱 치수측정기

측정력을 20g 정도로 작게하고 더구나 정측정력(定測定力)으로 하는 방법에 의해서 연구를 하면 $10\mu m$ 이하의 오차로 측정하는 것은 가능하다.

**표 4-3**  기계부품의 공차계급과 측정치수에 의한 외측정기의 선택기준(측정치수 30~120mm)

| 공 차 등 급($\mu$m) | | | | | | | | | | | | | | |
|---|---|---|---|---|---|---|---|---|---|---|---|---|---|---|
| 01 | 0 | 1 | 2 | 3 | 4 | 5 | 6 | 7 | 8 | 9 | 10 | 11 | 12 | 13 | 14 |
| 0.6~ 1 | 1~ 1.5 | 15~ 25 | 2.5~ 4 | 4~ 6 | 7~ 10 | 11~ 15 | 16~ 22 | 25~ 35 | 39~ 54 | 62~ 87 | 100~ 140 | 160~ 220 | 250~ 350 | 390~ 540 | 620~ 870 |

**표준기**

- 블록게이지 JIS 0급
- 블록게이지 JIS 1급
- 블록게이지 JIS 2급

**측정기 또는 측정용구**

- 블록게이지와 부속품
- 광학적 컴퍼레이터 (0.2)
- 전기마이크로미터 (0.1 이하)
- 측장기
- 레이저간섭계
- 만능측정현미경(0.1)
- 3차원측정기(0.1)
- 만능측정현미경(1)
- 광학적 컴퍼레이터(1)
- 전기마이크로미터(0.5~1)
- 공기마이크로미터(1만 배)
- 指針調微器
- 한계게이니 IT 5~6
- 지시 마이크로미터류
- 레버식 다이얼게이지(2)
- 한계게이지 IT 7~8
- 외측 마이크로미터(10)
- 다이얼게이지(1)
- 디지털 측장유닛(1)
- 3차원측정기(1)
- 공기마이크로미터(1천 배)
- 한계게이지 IT 9
- 표준자(1급)와 현미경
- 3차원측정기(10)
- 공구현미경(10)
- 다이얼게이지(10)
- 레버식 다이얼게이지(10)
- 노기스류(20)
- 금속제 곧은 자
- 노기스류(50)

(주)

| 어느 정도의 노력을 필요로 하는 범위 | 보통으로 얻을 수 있는 범위 | 비교적 쉽게 얻을 수 있는 범위 |
|---|---|---|

────── 그 자체로 측정 가능한 것

─ ─ ─ ─ 기준기로 측정 가능한 것

③ 광학적 투영기

측정 현미경 등에 의해 윤곽투영에 따른 방법은 오차가 작아지는 것처럼 생각된다. 그것은 윤곽과 표선과의 합치의 재현성이 높은 것처럼 보이는 것과 비접촉이기 때문에 접촉측정 특유의 측정력의 영향을 받지 않기 때문이다. 그러나 윤곽의 판정에는 개인차, 재현성 등의 오차가 크고 생각한 만큼의 효과는 오르지 않는다. 결과적으로는 접촉측정법과 별다른 차가 없다.

④ 각종 형상 측정기

비교적 비싼 형상측정기를 이용하면 치수 측정을 할 수 있다. 이와 같은 경우 수 $\mu$m의 오차의 측정도 가능하다.

⑤ 3차원 측정기

금형측정에도 필요 불가결하지만, 플라스틱의 치수측정에 있어서도 3차원 측정기가 결정적인 수단이 된다. 3차원 측정기의 사용의 난이는 기본적으로는 거의 같지만 5~10$\mu$m 정도의 오차로 측정하기에는 현재 가장 편리한 도구이다.

## 3) 성형품 공차의 표시 예

표 4-4~4-7에 대표적 엔플라의 예를 나타낸다.

**표 4-4** 폴리아미드 6, 66 성형품의 공차

| 도면 기호 | 치수 (mm) | 재질±폴리아미드 6, 66 | | | | | | | | | | | |
|---|---|---|---|---|---|---|---|---|---|---|---|---|---|
| | | 단위 ±0.01mm* | | | | | | | | | | | |
| | | 5 | 10 | 15 | 20 | 25 | 30 | 35 | 40 | 45 | 50 | 55 | 60 |

정밀 / 표준 / 거침

| 도면 기호 | 치수 (mm) | 정밀 ± | 표준 ± | 거침 ± |
|---|---|---|---|---|
| B=직경 또는 길이 | 150mm~300mm<br>150mm를 넣으면 10mm마다 좌기의 치수(mm)를 더한다. | 0.05 | 0.07 | 0.11 |
| C=깊이 | 300mm 이상<br>300mm를 넣으면 10m마다 좌기의 치수(mm)를 더한다. | 0.07 | 0.10 | 0.14 |
| 높이=D | 1개빼기    0~25mm<br>여러개빼기 0~25mm<br>25mm를 넘으면 10mm마다 좌기의 치수를 더한다. | 0.10<br>0.10<br><br>0.04 | 0.15<br>0.18<br><br>0.08 | 0.23<br>0.25<br><br>0.10 |
| 바닥 두께=E | 0~2.5mm<br>2.5~5mm<br>5~7.5mm | 0.08<br>0.13<br>0.15 | 0.15<br>0.18<br>0.23 | 0.23<br>0.28<br>0.33 |
| 측벽 F  치수 | | 측정은 비교적 일정하게 유지된다. | | |
| 빼기구배 허용식 | | 1/8° | 1/4° | 1/2° |

※ 이 공차는 나사, 기어의 톱니, 부품에는 적용하지 않는다. 이러한 것은 좀더 정밀하게 할 수 있다.

* 1인치를 25 mm로 환산한 것.

**표 4-5** 폴리아세텔의 치수공차

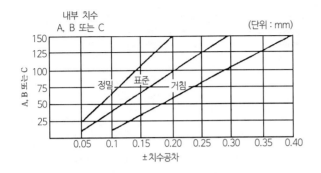

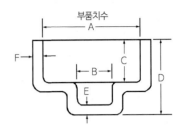

| 150mm를 넘는 치수에 대한 각 1mm에 대한 표준급에는 0.002, 거친급에는 0.003을 더한다. | | ± 치수공차(mm) | | |
|---|---|---|---|---|
| | | 정밀 | 표준 | 거침 |
| 외측의 높이<br>D | 1개 빼기 D=0∼25<br>여러 개 빼기 D=0∼25<br>25mm 이상, 1mm당 우(右)숫자로 더한다. | 0.05<br>0.08<br>0.002 | 0.1<br>0.13<br>0.003 | 0.15<br>0.18<br>0.004 |
| 측면두께<br>F<br>F=0∼6 | C=0∼25<br>25mm 이상, 1mm당 우(右)숫자를 더한다. | 0.05<br>0.001 | 0.08<br>0.002 | 0.1<br>0.003 |
| 바닥면 살두께<br>E | E=0∼2.5<br>E=2.5∼5.0<br>E=5.0∼7.5 | 0.05<br>0.1<br>0.15 | 0.1<br>0.13<br>0.18 | 0.15<br>0.18<br>0.2 |

**표 4-6** 노틸 731/SEI의 성형공차

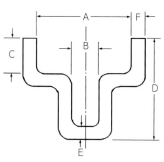

| A·B 직경 또는 폭 | 공차(±)[1] (단위 : mm)<br>0.05  0.1  0.15  0.20  0.25  0.30<br>0<br>2.5<br>5.0 (거침)<br>7.5 (정밀) (표준)<br>10.0<br>12.5<br>15.0 | | |
|---|---|---|---|
| | | 정밀 ± | 표준 ± | 거침 ± |

| | | 정밀 ± | 표준 ± | 거침 ± |
|---|---|---|---|---|
| 깊이 C | 15~30<br>3cm 증가시 | 0.049 | 0.105 | 0.15 |
| | 30 이상<br>3cm 증가시 | 0.09 | 0.15 | 0.21 |
| 높이 D | 캐비티(단수) 0~2.5 | 0.075 | 0.1 | 0.175 |
| | 캐비티(복수) 0~2.5 | 0.075 | 0.125 | 0.2 |
| | 2.5 이상 2.5cm 증가시 | 0.05 | 0.075 | 0.125 |
| 바닥두께 E | 0~0.25 | 0.075 | 0.125 | 0.15 |
| | 0.25~0.5 | 0.075 | 0.125 | 0.175 |
| | 0.5~0.75 | 0.1 | 0.15 | 0.2 |
| 측벽의 치수 F[2] | 변화량(편심량) 0.125~0.175<br>(끼위맞춤에 있어서는 이분자량만큼 줄임) | | |
| 빼기구배(片側)[3] | 1/4° | 1/2° | 1°~2° |
| 평면도 2.5cm 마다 | 0~15 | 0.05 | 0.1 | 0.15 |
| | 15~30 | 0.075 | 0.125 | 0.175 |
| | 15 이상 3cm 증가시 | 0.1 | 0.15 | 0.2 |
| | 30 이상 3cm 증가시 | | | |

1) 이러한 공차는 나사산, 기어의 톱니, match fits 등에서는 적용할 수 없다.
2) 이 치수는 금형의 디자인과 구조의 관계이다.
3) 이러한 값은 최저선이라 생각한다. 설계자는 설계에서 허용되는 범위 내에서 가능한 한 큰 구배를 준다. 이유 있는 빼기구배는 성형품 밀어내기에 의한 문제를 없애고 밀어내기에 동반되는 변형을 최소로 한다.

**표 4-7** 울템 1,000의 치수공차

| 도면표시 | 치수(mm) | + 혹시 − 1/1,000mm[1] | | |
|---|---|---|---|---|
| | | 50 100 150 200 250 300 | | |
| A=직경<br>또는<br>폭<br><br>B=직경<br>또는 폭<br><br>C=깊이 | 0.00<br>25.00<br>50.00<br>75.00<br>100.00<br>125.00<br>150.00 | 거침<br>표준<br>정밀 | | |
| | | 정밀 ± | 표준 ± | 거침 ± |
| | 150.00~300.00mm<br>의 경우 1mm 증가시 | 0.04 | 0.09 | 0.13 |
| | 300.00mm 이상의<br>경우 1mm 증가할 때<br>마다 | 0.08 | 0.13 | 0.18 |
| 높이[2] | 1캐비티금형<br>0.00~25.00mm | 0.08 | 0.10 | 0.18 |
| | 복수캐비티금형<br>0.00~25.00mm | 0.08 | 0.13 | 0.20 |
| | 25.00mm 이상<br>증가의 경우 1mm당 | 0.5 | 0.08 | 0.13 |
| 바닥두께 | 0.00~2.50mm | 0.08 | 0.13 | 0.16 |
| | 2.51~5.00mm | 0.08 | 0.13 | 0.18 |
| | 5.10~7.50mm | 0.08 | 0.16 | 0.20 |
| 측벽의 치수 F[3] | | 0.10~0.20mm 편심에 의한 변화량<br>끼워 맞추는 경우는 이만큼 감소한다. | | |
| 허용빼기구배 편측[4] | | 0.25° | 0.5° | 1 to 2° |
| 평면도<br>(mm/mm) | 0.00~150.00mm<br>1mm 증가시 | 0.05 | 0.10 | 0.15 |
| | 150.00mm 이상 | 0.08 | 0.13 | 0.18 |
| | 300.00mm 이상<br>1mm 증가시 | 0.10 | 0.15 | 0.20 |

1) 이러한 공차는 나사산, 기어의 톱니 등에는 적용되지 않는다. 이러한 통상 최저치로서 생각해야 한다.

2) 파팅라인에 의한 수치는 다소 변한다. ±0.5

3) 이 치수는 금형의 디자인과 구조의 일부이다.

4) 이러한 수치는 최저치로 생각되고, 설계자는 허용되는 범위 내에서 가능한 한 크게 구배를 잡을 것. 빼기구배를 크게 잡으므로, 성형품 밀어내기시의 불량을 감소하고, 변형 등을 방지한다.

### 4) 제품의 사양 예

표 4-8은 VTR 가이드롤러의 정밀도 기준 예이고, 표 4-9는 이 제품의 정밀도를 내기 위한 금형의 측정사양 예이다.

초정밀 수준이 요구되는 예로서는 디스크드라이브 캐리지(8/1,000~1/1,000), 플로피디스크용 허브(5/1,000), 베어링 리테이너(2/1,000), 플라스틱 렌즈(1/1,000) 등을 들 수 있지만, 이러한 정밀도의 제품을 얻는 데는 3~5배의 정밀도가 좋은 금형제작이 필요하다.

**표 4-8** 가이드롤러의 정밀도 기준 예

| 항 목 | 정밀도($\mu$m) |
|---|---|
| 진 동 | 3 > |
| 진 원 도 | 3 > |
| 외경원통도 | 2 > |
| 내경원통도 | 5 > |

**표 4-9** 금형 측정방법

| 측정항목 | 측정기에 요구하는 사양 |
|---|---|
| 길 이 | 1$\mu$m 최소판독 |
| 외 경 | 1$\mu$m 최소판독 |
| 내 경 | 1$\mu$m 최소판독 |
| 진 원 도 | 0.1$\mu$m 최소판독 |
| 원 통 도 | 정의에 의해 결정 |
| 수 직 도 | 0.1$\mu$m 최소판독 |
| 동 축 도 | 0.01$\mu$m 최소판독 |
| 거 칠 기 | 0.1$\mu$m 최소판독 |
| 굴 곡 | 0.1$\mu$m 최소판독 |
| 진 동 | 0.5$\mu$m 진동 전용 측정기 |

## 4.4 금형 내에서의 수지의 거동

### 1) 상변화(相變化)(결정성, 비결정성)

일반적으로 엔플라는 범용 플라스틱에 비교해서 내열성(열변형온도)이 높은 것이 많다. 이것은 유동거동(流動擧動)의 면에서 보면, 성형재료를 유동이 쉬운 상태로 하려면 고온이 필요하다는 것을 의미하고 또한 금형 온도를 높은 쪽에 설정하는 것이 좋다는 것을 의미한다.

재료의 미세구조에서 보면, 범용 엔플라에는 결정성의 것(폴리아미드, 폴리아세틸, PBT)이 많고 용융상태에서 냉각고화하는 상변화의 단계에서는 주위조건에 의해 결정구조, 결정화도(結晶化度)가 변화하고 성형수축률이 산포되기 쉽고, 치수의 산포 혹은 제품의 변형이 일어나기 쉽다. 즉 여러 개 빼기 금형의 경우에는 주의가 필요하다.

또 각종의 기본재료, 충전재, 첨가물에 의한 복합화는 성형수축률의 절대치가 작아지는 점에서는 좋은 일이지만, 한편으로는 비열, 열전도도(熱傳導度)도 변화하므로 동일금형에서 성형한 경우에 반드시 치수의 산포, 변형이 개량된다고는 할 수 없다. 따라서 엔플라에 의해 정밀성형을 시험해 보는 경우에는 그 성형재료의 유동성(특히 그 온도 의존성, 압력 의존성), 열적성질(열전도율, 비열)을 확실하게 파악해 두어야 한다.

유동성 및 상변화의 정도에 따라 설계를 고려해야 할 금형부품의 요소는 런너의 배치, 치수게이트의 위치, 종류, 치수, 금형온도조절용 매체의 구멍의 배치치수가 주체이다.

### 2) 내압(內壓)

플라스틱 성형품의 품질 변동에서 우선 문제가 되는 것은 치수 불량이다. 성형품의 치수오차의 호칭치수에 대한 비율을 $\alpha$%, 성형수축률의 산포를 $\beta$%, 금형치수의 제작오차 및 치수에 대한 비율을 $\gamma$%, 기본의 성형수축률을 $s$%로 하고, 성형수축률의 예상이 정확하고 성형품의 변형도 없다고 가정하면 이것들의 수치사이에서는 다음 식이 성립한다.

$$\alpha = \gamma + \frac{\beta(1+\gamma)}{1-s}$$

**표 4-10** 성형품 치수의 산포

| 명칭치수 (mm) | 금형제작오차 | | 성형수축률 산포 $\beta$(%) | 성형률 치수의 산포 | |
|---|---|---|---|---|---|
| | (mm) | $\gamma$(%) | | $\alpha$(%) | 공차(mm) |
| 10 | 0.010 | 0.10 | 0.4 | 0.509 | ±0.025 |
| | | | 0.2 | 0.304 | ±0.015 |
| | 0.020 | 0.20 | 0.4 | 0.609 | ±0.030 |
| | | | 0.2 | 0.404 | ±0.020 |
| 50 | 0.020 | 0.04 | 0.4 | 0.448 | ±0.112 |
| | | | 0.2 | 0.244 | ±0.061 |
| | 0.050 | 0.10 | 0.4 | 0.509 | ±0.148 |
| | | | 0.2 | 0.304 | ±0.076 |

예를 들면 기본 성형수축률을 결정성 엔지니어링 플라스틱의 2%로 하고 이 식을 수치화하면 표 4-10과 같이 된다. 즉 성형품의 치수의 산포를 작게 하는데는 성형수축률의 산포를 작게 하는 것이 효과적이라고 말할 수 있다.

성형수축률의 변동에서 가장 큰 영향을 주는 것은 사출압력이고 다음으로 용융수지온도가 된다. 이것은 어느 것이나 재료유동의 초기값으로 성형기에서 주어지고 그 변동은 명확하고 관측은 용이하며 요인과의 연관은 파악하기 쉬우므로, 조정도 용이하다. 이 초기값을 갖는 재료는 금형 내에서 비정상유동과 상변화가 생긴다. 그리하여 최종 성형수축률은 이 변화와 밀접한 관련이 있다. 성형수축률은 각 부분이 거동의 집적(集積)이라는 형태를 취하기 때문에 미세한 변동이 일어나는 것이다. 반대로 말하면 이 미세한 변동을 평균화 할 수 있으면, 성형수축률의 변동이 작아진다. 비정상변화라도 유동의 원동력은 압력이기 때문에 이 보조수단의 대상으로서는 사출압력을 선택하고 그 조건을 변화시키는 것이 좋다.

### 3) 온도

금형온도는 성형수축률에 큰 영향을 미치는 것 이외에도 고화시의 재료구조를 지배하므로 그 설계에는 세심한 주의가 필요하다. 금형온도 조정의 가장 기본적인 목표는 성형품의 어느 부분에 있어서도 시간계열(時間系列)적인 온도변화가 동일하다는 것이다. 캐비티 내에서의 용융수지의 유로저항, 수지의 특성에 관하는 것으로서 용융수지가 스프루, 런너, 게이트에서 캐비티의 말단까지 유동하는 과정에 있어서 수지온도의 저하 및 유동저항의 증가가 쇼트숏(Short shot)[1], 웰드마크 발생의 원인이 된다. 거기에서 성형품의 말단부 또는 얇은 부분의 금형온도는 게이트 부근의 온도보다 높도록 금형회로를 설계해야 한다. 즉, 금형온도는 용융수지가 유동 중 과냉각이 되지 않도록 수지가 갖고 있는 열량이 큰 부분은 낮게, 작은 부분은 높게 유지시킨다. 이 대책에 의해서 사출시 수지의 유동저항을 작게 하고 성형품 전체의 냉각속도가 균형을 유지할 수 있고 불필요한 높은 수지 온도나 큰 성형압력을 피할 수 있다.

폴리에틸렌(PE), 폴리프로필렌(PP), 폴리아세텔(POM) 등의 결정성 수지는 사출성형에 있어서 수지온도가 일정한 경우, 금형온도에 의한 냉각속도에 따라서 성형품의 결정화도가 좌우된다.

따라서 금형온도의 조절은 결정성 수지의 결정화도를 조정하고 기계적 성질을 개량한다. 외관 및 치수에 대해서는 다음과 같다.

① 외관 : 성형품의 표면에 발생하는 쇼트숏, 플로마크, 웰드마크, 제팅[2], 싱크마크 등의 성형불량은 수지온도, 사출속도에 좌우되지만, 금형온도의 조정 불량에 의한 경우도 많다.

② 치수 : 성형품 치수의 산포, 성형수축률, 휨, 뒤틀림 등에 의해서 치수불량이 발생하지만, 그 원인은 성형 중 냉각이 부적당하기 때문이다. 캐비티에 충전된 수지의 열량에 대해서 냉각이 부적당할 경우 성형품은 불균일한 수축에 의해서 변형이 생긴다. 이 냉각에 의한 변형의 생성 및 분자배향은 사출성형의 경우 완전히 없애는 것은 불가능하다. 그러나 적절한 냉각수 회로의 설계와 금형온도의 조절에 의해서 어느 정도 개선할 수 있다.

---

1) 쇼트숏(Short shot) : 금형 내에서의 원료 플라스틱의 충전량이 부족함으로 일어나는 현상으로, 원료공급 불량, 충전압력 부족, 금형 내의 공기저항 등의 원인이 있다.

2) 제팅(Jetting) : 성형품 표면에 나타나는 불량현상으로 뱀이 기어간 것 같이 구불구불한 모양이 생긴 현상

최근 경향으로는 엔지니어링 플라스틱도 복합화가 진전되고 금형온도도 100℃ 전후에서 150℃ 정도로 높이지 않으면 안되게 되어 있다.

### 4) 가스빼기

항목별로 정리하면 다음과 같은 사고가 가스에 의해서 발생하고 있다.

① 웰드라인의 강도저하

② 웰드라인의 탄화

③ 가스의 저항에 의한 사출압의 상승

④ 가스의 저항에 의한 캐비티의 충전속도의 저하

⑤ 재료와 가스의 치환이 가능하지 않기 때문에 충전부족

⑥ 가스에 의해 금형이 열려 플래시[3]가 생기는 현상

⑦ 주로 게이트부에 나타나는 흐림 혹은 기름의 오염

⑧ 가스빼기 홈의 막힘

⑨ 캐비티의 몰드 디포지트(Deposit)에 의한 오염 및 부식

이 중 ①~⑥은 단순한 캐비티 안의 공기에 의해서도 생기지만 ⑦ 이하의 사고는 재료로부터 발생하는 휘발물에 의해서 발생하는 것으로 정밀성형에 큰 지장을 준다. 또 ①~⑥의 사고를 조장하는 것도 된다. 더구나 정밀성형의 대상이 되는 것은 엔플라가 많고 대부분의 엔플라는 가스를 발생한다. 따라서 정밀성형용 금형에서는 반드시 가스빼기 대책을 세워두어야 한다.

이 같은 문제를 근본적으로 해결하려면 재료자체의 휘발분을 될 수 있는 한 적게 하고, 재료의 열안정성을 올리기 위해 힘쓰는 것이 가장 중요한 사항이다. 즉 금형의 가스빼기 대책에 고심하기 전에 보다 발휘분이 적은 재료를 선정해야만 한다.

## 4.5 정밀도에 미치는 여러 가지 인자

각 수지에 의한 수축률은 모두 변하지만, 주의해야 할 점은 제품의 두꺼운 방향이 종, 횡방향보다 훨씬 성형조건의 영향을 받기가 쉽다. 종, 횡방향과 두께 방향에서 수축이 다른 이유는 냉각시간의 속도이다(표 4-11, 그림 4-2 참조).

---

3) 플래시(Flash) : 용접에서 금속이 용접금속의 주위에 여분으로 응고된 것.

**표 4-11** 각 수지의 수축률

| 수지명 | 그레이드명 | 수축률 |
|---|---|---|
| PS | 스타이론, 스티롤, 에스브라이트, 에스티렌, 덴카(Denka) 스티롤, 토플렉스, 다이어렉스 | 0.3~0.6 |
| ABS | 스타이락, 사이코락, 카네에스, 클라라스틱, 세비안, 덴카, 도요락, JSR ABS, 타프렉스, 다이아베트 ABS, 콜리메트 | 0.4~0.8 <br> (G) 0.2~0.4 |
| PP | 폴리프로, 우베(UBE) 폴리프로, 쇼어러미, 노블렌, 티소 폴리프로, 도넨(東燃) 폴리프로, 도쿠야마(德山) 폴리프로, 미쓰이(三井) 노블렌, 노바텍 P, 미쓰비시(三菱) 노블렌 | 1.2~1.8 <br> (G) 0.4~1.0 |
| PMMA | 델페트, 파라페트, 수미펙스, 아크리펫트 | 0.2~0.7 |
| PA | 레오나, 우베(UBE) 나일론, 다이콤프, 자이텔, 아밀란, 도요보(東洋紡) 나일론, 울트라미드, 폴리플라나일론, 노바미드, 유니티카 나일론, 마라닐 | (6) 0.5~1.5 <br> (66) 0.8~2.2 <br> (G) 0.4~0.8 |
| POM | 테낙, 텔린, 듀라콘, 유피탈, 울트라 포름, 간프라, 다이콤프 | 1.8~2.0 <br> (G) 0.2~0.6 |
| PC | 폴리카보네이드, 렉산, 판라이트, 멀티론, 노바렉스, 노바메트, 유피론 | 0.5~0.7 <br> (G) 0.2~0.5 |
| PBT | 바록스, 프라낙, 테이진(帝人) PBT, 도레이(東レ) PBT, 듀라넥스, 노바두르, 타프페트 PBT | 1.1~2.4 <br> (G) 0.3~0.9 |
| 강화PET | FR-PET, 라이나이트, 바이로페트, G-PET | 0.2~0.9 |
| PPO | 자이론, 노릴, 유피에스 | 0.5~0.7 <br> (G) 0.1~0.5 |
| PPS | 라이톤, 아사히(ASAHI) PPS, 신에츠(信越) PPS, DIC-PPS, 서스테일 | 0.2~0.25 |
| 폴리아릴레이트 | U폴리머 | 0.8~1.1 |
| 폴리에테르설폰 | Victrex PES | 0.2~0.6 |

※ (G) : 유리섬유 함유

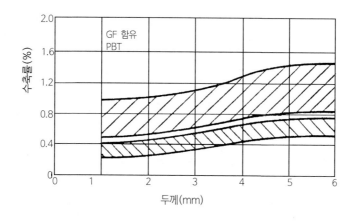

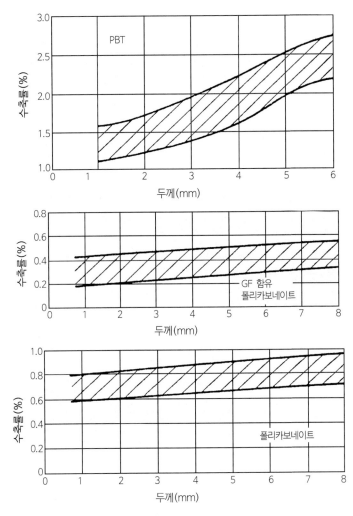

**그림 4-2** 각 수지의 두께와 수축률의 관계

### 1) 플라스틱의 종류와 수축률

이 수축의 이(異)방향성은 분자배향에 의해서 생기는 것은 아니다. 만약 분자배향에 의한 것이라면 종방향과 횡방향에서의 수축이 달라질 것이다. 분자배향은 섬유배향과는 달라서 수축 중은 부차적인 역할을 한 것에 지나지 않는다. 그림 4-3에 보압시간(냉각시간 포함)을 바꾼 경우에 수축이 어떻게 되는가를 나타낸다. 이 결과에서 제품의 두께에 대한 영향이 종, 횡방향에 대한 영향보다 상당히 크다는 것은 확실히 알 수 있다.

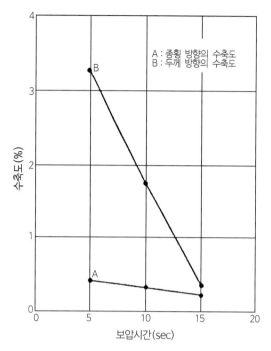

**그림 4-3** 수축률과 보압시간(냉각시간 포함)

## 2) 제품형상 및 스프루, 런너와 수축률

① 수축하기 쉬운 조건

㉮ 살두께

살두께에 비례해서 커진다.

㉯ 유로(流路)의 길이

게이트에서 떨어짐에 따라서 압력손실이 증대하기 때문에 커진다.

㉰ 재료의 뭉침(부분적으로 살두께가 두꺼운 부분)

수축은 재료의 뭉침, 즉 성형품의 두꺼운 부분이 커진다. 또 이것은 휨의 원인이 된다.

② 수축하기 어려운 조건

㉮ 리브

얇은 두께의 리브는 초기에 고화하므로 수축이 적다.

㉯ 엣지부

성형품의 엣지부는 아직 고압이 걸려 있는 동안 매우 빠른 시기에 고화하기 때문에 수축이 적다.

㉰ 스프루의 형상

스프루가 크고 굵을수록 압력손실이 감소하고 수축이 적어진다.

㉔ 사출압, 보압

　금형 내의 유효압이 높을수록 수축은 적어진다.

㉕ 보압시간

　보압의 유효시간이 길수록 수축이 적어진다.

㉖ 용융수지의 온도

　온도가 높으면 금형내로의 압력전달이 좋아지고 일반적으로 수축은 적어진다. 그러나 게이트 형상에 의해서 게이트의 고화가 너무 빠르면 온도차가 크므로 열수축이 증대하고 반대의 결과가 된다.

㉗ 사출속도

　비강화 성형재료의 경우는 그다지 큰 영향을 미치지는 않는다(강화 성형재료의 경우는 배향에 영향을 준다). 그러나 게이트가 좁은 경우는 캐비티 내압(피크압)에 영향을 주므로 사출속도를 증가시킴에 따라서 수축은 감소한다.

### 3) 금형온도 및 수관(水管)과 수축률

표면온도의 균일화와 안정화가 불가결하다. 난류조건에서 모든 매체를 수관을 통해서 표면온도를 안정시킨다.

난류(亂流)는 레이놀즈수에 의해서 결정된다(그림 4-4).

$$R_e = \frac{② \ 수관지름 \ ③ \ 유체밀도 \ ④ \ 냉각수 \ 속도}{① \ 유체점도}$$

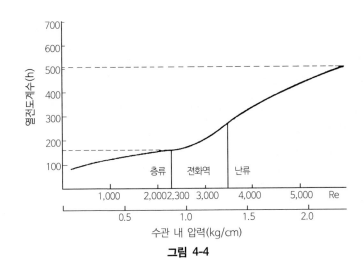

**그림 4-4**

층류치는 2,100 이하, 난류치는 3,500 이상이지만, 실제 10,000 이상에서 사용해야만 한다.

① 금형온도 컨트롤 시스템 혹은 금형냉각 시스템은 성형품의 품질 및 성형 사이클에 영향을 미치기 때문에 신중하게 설계하고 선택해야만 한다.
매분 20~30$l$, 압력 1~2kg/cm$^2$의 것은 정밀성형용은 아니다.

② 금형냉각 시스템은 성형재료가 캐비티에 사출되었을 때 그 성형품의 전체에서 신속하게 또한 균일하게 열을 흡수하도록 설계하지 않으면 안 된다.

③ 수관은 금형재질의 기계적 강도 및 열전도율을 생각한 뒤에 될 수 있는 한 캐비티에 가깝게 설치해야 한다.

④ 수관은 금형재질을 고려한 뒤에 되 수 있는 서로 접근시켜서 배치해야 한다.

⑤ 수관지름은 부득이한 경우를 제외하고 8mm$\phi$ 이하로 하면 안 된다. 되도록이면 10~12mm$\phi$ 정도로 하는 쪽이 좋다.

⑥ 냉각매체에는 물을 사용하고, 기름, 에틸렌글리콜 등은 사용하지 않는 쪽이 좋다.

⑦ 휘기 쉬운 성형품이나 정밀도가 요구되는 것, 부분적으로 두께가 다른 것에 대해서는 수관을 몇 개로 나누어서 설계해야 한다.

⑧ 수관은 냉각매체의 입구와 출구의 온도차를 0.5~1.0℃ 이하로 해야 한다.

⑨ 유동저항(압손)이 다른 수관을 병렬로 배치하는 것은 가능한 한 피해야 한다(표면온도가 산포).

⑩ 몇 개의 수관을 직렬로 연결했을 경우, 전체의 압력손실이 커진 경우에는 수관수, 펌프 등의 유효압력을 점검하고 열을 제거하는데 충분한 양의 냉각매체가 흐르고 있는가를 확인해 두어야 한다.

⑪ 냉동기, 금형온도조절기는 강력한 냉각기구에 의해서 캐비티 표면에서 소정의 열량을 흡수시킬 수 있을 경우만 그 최대의 이용가치가 나오는 것이다.

## 4.6 엔플라 정밀성형과 재료의 특성

### 1) 폴리아세탈

#### (1) 치수정밀도

폴리아세탈은 결정성 수지이고 용융상태가 냉각되어 고화할 때 비연속적인 체적 변화를 수반한다(그림 4-5). 더구나 체적변화는 보통 이용되고 있는 수지 가운데에서 가장 크다. 폴리스티렌과 같은 비결정수지에서는 용융상태에서 고화상태로의 변화가 연속적이다. 따라서 밀도-압력·온도의 관계는 스펜서의 상태식으로 연속적인 관수로 표시할 수 있다.

스펜서식

$$(P + \pi)(V - \omega) = RmT$$

P : 압력(kg/cm$^2$)

T : 절대온도($^\circ$K)

V : 비용적(cm$^3$/g)

Rm, $\pi$, $\omega$ : 수지의 종류에 의해서 결정되는 정수

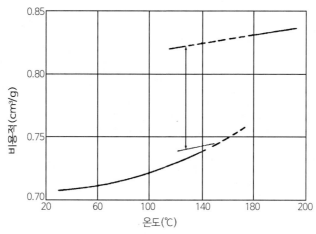

**그림 4-5** 폴리아세탈의 비용적(對온도)

이와 같은 수지라면 성형종료시(게이트 실할 때)의 캐비티 내의 압력, 온도에 의해서 성형품의 치수는 거의 일원적으로 결정되어 버린다.

폴리아세탈의 경우는 게이트 실(게이트가 실되면 캐비티, 성형기 사이의 유로가 끊어지고 캐비티는 '밀폐계'로 되기 때문에 이후 물질이동이 없어진다. 이 때문에 게이트 실은 치수결정상 중요한 초점이다)의 캐비티 내부의 상태는 보통 그림 4-6과 같다. 즉 게이트 부는 고화되어 있지만, 캐비티의 내부 (A)에는 미응고부분이 남아 있다. 캐비티 내의 수지는 보통 외측에서부터 냉각되기 때문에 미응고부분 (A)는 내부에 있고, 외측 (B)는 고화되어 있다.

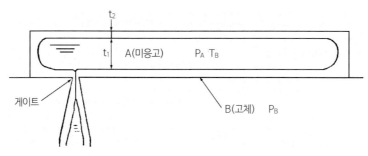

**그림 4-6** 게이트 실 때의 캐비티 상태

다음으로 고화가 종료했을 때를 생각한다. 이때 게이트 실 때의 미응고부분 (A)는 점차 냉각되어

고화되기 때문에 큰 체적변화를 가져온다.

한편 게이트 실 때에 고화하고 있는 부분 (B)는 압력, 온도의 변화에 응해서 스펜서 상태식에 따라서 일률적인 체적변화를 한다. 이로 인해 그림 4-7과 같이 성형품 내외에서 큰 체적변화의 차가 생긴다. 즉 성형품의 내측 (A)에 큰 수축이 생기기 때문에 이미 고화되어 있는 외층부 (B)는 그림 4-8의 화살표와 같이 전부 내측으로 당겨지는 듯한 변형, 소위 싱크마크 현상을 일으킨다. 또 이 힘은 성형품의 형상이 복잡하거나 냉각이 불균형할 경우는 성형품의 휨이나 변형의 원인이 된다.

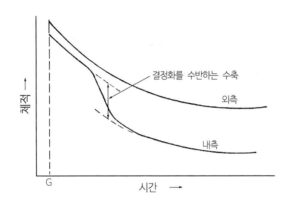

**그림 4-7**  게이트 실 이후의 캐비티 내외의 체적변화

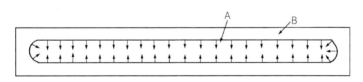

**그림 4-8**  고화 때 생긴 내부응력

이렇게 해서 성형한 성형품이 상온으로 된 경우 A부(외층)는 B부(내층)의 상대적으로 큰 체적변화에 의해서 압축능력을 받게 된다. 또 반대로 B부는 수축에 대해 A층(외층)이 반대하기 때문에 인장응력을 남기고 있다. 더구나 이 인장응력과 압축응력이 균형을 이룬 곳에 응력 수준이 결정된다. 폴리아세탈은 비교적 수준이 높은 압축 및 인장 탄성계수를 가지고 있기 때문에 결국 인장-압축응력의 균형이 치수를 결정하게 된다.

치수를 결정하는 것은 게이트 실 때의 캐비티의 온도, 압력의 분포 이외에 외층 (A)와 내층 (B)의 두께 $t_A$, $t_B$의 비율이 어느 정도 인가가 큰 포인트이다.

### (2) 안정화

중요한 것은 게이트 실 때이다. 그때 캐비티 내에 얼마만큼의 수지가 들어있는 가에 의해 치수는 결정된다. 게이트 실 때에 캐비티 내에서 어느 정도의 고화가 진행되고 있는가 또 온도(분포)나 압력(분포)(T, T, P, P)은 어떻게 되어 있는가가 치수에 크게 기여한다. 즉 게이트 실 때의 캐비티의 상태

를 일정하게 하는 것이 치수안정의 포인트이다. 그림 4-9는 캐비티 내의 압력, 온도의 변화를 모식적
으로 나타낸 것이다.

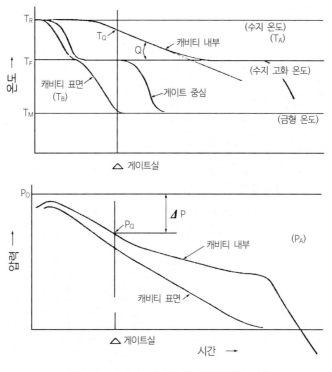

**그림 4-9** 캐비티 내부의 상태변화(모식 그림)

요인을 정리하면 그림 4-10과 같다. 정밀성형으로의 어프로치로는 이들 조건의 하나하나를 안정화
시켜 산포요인을 하나씩 해결해 가는 것이다.

### 2) 폴리카보네이트

#### (1) 치수정밀도

① 일반 그레이드

폴리카보네이트(PC)는 비결정성이기 때문에 성형조건의 변화에 의한 성형수축률의 산포가 상
당히 적은 재료이다. PC는 구조점성(構造粘性)[4] 지수가 작기 때문에 유동성 향상에 사출실린
더 온도의 영향이 크다. 유동성이 좋은 평균분자량이 작은 그레이드는 수축률도 작아지지만 양
자의 차는 $1 \times 10^{-3}$cm/cm로 극히 적다.

---

4) 구조점성(構造粘性) : 비뉴턴 점성과 같은 의미로, 고분자 용액이나 콜로이드의 점성률이 전단응력에 의해 변화
하는 경우를 말한다.

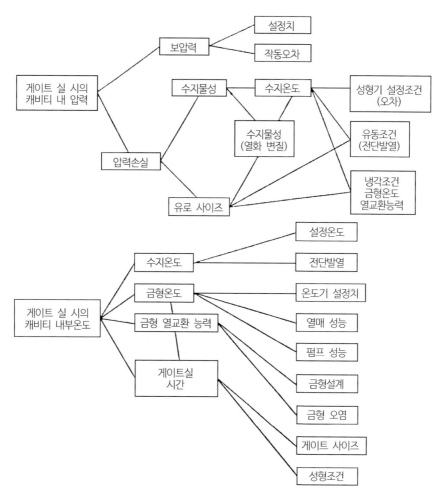

**그림 4-10** 게이트 실 시의 캐비티 내의 상태를 결정하는 요인

일반적으로 플라스틱은 게이트에서의 유동방향과 직각방향에 수축률의 차가 생기고 유동방향이 작은 값이 되는 경우가 많다. PC는 게이트에서 유동방향과 직각방향의 차가 매우 작다. PC는 게이트 위치에 의한 수축률이 방향성을 갖고 있지 않기 때문에 정밀성형용 금형의 구조를 결정하면 유리하다.

경시변화5)에 의한 치수변화는 상온, 상습에서 $10^{-5}$ mm/mm로 극히 작기 때문에 $30^{°}$에 있어서 허용치수공차는 0.008% 전후이다. 일반타입의 열팽창계수는 1℃당 $7 \times 10^{-5}$ mm/mm로 금속과 비교하면 7배 전후의 수치가 되기 때문에 긴 제품으로 금속에 부착하여 온도변화가 큰 환경하에서 사용하는 경우는 주의가 필요하다.

---

5) 경시변화 : 성형 후 제품의 변형되는 과정

② 유리섬유 강화그레이드

GF-PC는 성형수축률이 작고 열팽창계수도 AI, Zn 다이캐스트에 가까운 수치이기 때문에 정밀 제품에 사용되는 경우가 많다. 그러나 GF의 배향에 의해 수축률, 열팽창계수에 차가 생긴다. 그림 4-11, 그림 4-12에 GF 및 CF의 혼입량에 의한 유동방향과 직각방향의 수축률 및 열팽창 계수를 나타낸다. GF의 배향은 치수정밀도에 영향을 줌과 동시에 휨에도 영향이 있다. 캐비티 안에서의 유동특성은 GF의 배향에 강한 영향을 받기 때문에 게이트 위치의 결정 금형구조 등은 제품형상에 따른 검토가 필요하다.

유리비즈에 의한 보강은 강도의 개선효과는 적지만, 탄성률이 향상하기 때문에 기구부품으로서 사용할 수 있다. 또 유리비즈는 구형(救形)이기 때문에 배향효과를 없앨 수 있다.

이형성(離型成)도 정밀성형에 필요한 특성이지만, GF-PC에 내부이형제를 배합하여 금형에 이형제도포(離型劑塗布)를 생략함과 동시에 빼기 테이퍼를 적게해서 치수정밀도의 향상을 배려할 수 있다.

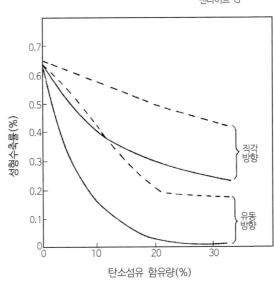

시험편형상 : 127×127×1.6t
성 형 기 : 도시바(東芝) IS-90B
성형온도 : 320℃
금형온도 : 120℃
사출압력 : 1,300kgf/cm²

—— 팬라이트 B
--- 팬라이트 G

**그림 4-11** CF, CF-PC의 성형수축률

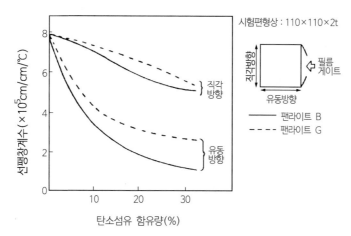

**그림 4-12**  GF, CF-PC의 선팽창계수(팬라이트 : CF-PC, 팬라이트 G : GF-PC)

③ 카본섬유 강화 그레이드

　　CF-PC는 GF-PC에 비교해서 성형수축률, 열팽창계수가 작아지고 있다. 성형수축률이 작다는 것은 금형코어, 캐비티의 설계 및 가공에 유리하다. 열팽창계수는 30%의 혼입량으로 유동방향에 있어서 매우 큰 향상을 기대할 수 있다. 직각방향도 GF-PC에 비교해서 향상되고 있기 때문에 온도변화가 큰 조건에서 사용되는 부품 등에 적합한 그레이드이다.

　　굽힘탄성률은 GF-PC가 30%이고 $8 \times 10^4 kg/cm^2$ 인데 대해 CF 30%의 PC는 $16 \times 10^4 kg/cm^2$ 이다. 강성이 문제가 되는 섀시류는 CF-PC로 한 것으로 금속, 다이캐스트에 필적하는 성능을 얻을 수 있다.

### (2) 사출성형과 치수안정성

　　시장의 요구는 초정밀지향화하고 있기 때문에 고압, 고속화의 방향으로 진전되고 있다. PC는 콜드플로가 적고 사출성형시의 잔류일그러짐이 크면 변형에 의한 일그러짐의 완화 없이 크랙으로 완화한다. 일반 타입의 PC는 고사출압력, 고사출속도로 성형하면 잔류변형이 커진다. 잔류변형을 작게하기 위해서 게이트를 크게 하고 사출압력을 낮추는 것이 좋다.

　　광학디스크의 기판(基板)은 살두께가 얇기 때문에 유동성이 나쁘다. 이 같은 경우에 사출압력을 높이면 광학적 변형이 커지기 때문에 금형온도와 사출실린더 온도를 높여서 유동성을 향상시키는 것이 좋다.

　　PC는 유동성에 대해 압력의존보다 온도의존이 높기 때문에 사출압력을 높게 하는 것은 피해야 한다. 일반 타입의 PC는 성형조건에 의한 성형 수축률의 산포가 적기 때문에 금형의 정밀도가 좋으면 안정된 정밀도를 얻을 수 있다.

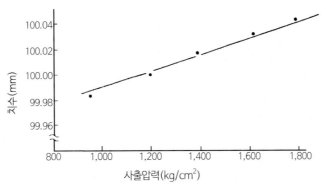

**그림 4-13** 사출압력과 치수정밀도(GF-PC, G-3130)

GF, CF에 의해 보강된 PC는 사출압력을 높이고 사출속도를 빠르게 해도 잔류변형이 작아지는 성질을 가지고 있다. 이것은 GF, CF에 의한 보강효과가 높아지거나 고압 고속으로 성형하는 것에 의해 섬유와 PC의 접착력이 커졌기 때문이라고 판단된다. 잔류변형을 작게 하기 위해 사출압력을 높이고 사출속도를 빠르게 하는 것은 정밀성형에도 바람직하다. 사출압력에 의한 치수정밀도의 관계는 그림 4-13에 있듯이 2차압을 포함해서 높게 하면 좋다.

원통형의 제품은 진원도인 관계로 우산형 전면게이트가 바람직하지만, 게이트를 절단하면 진원도가 악화하는 경우가 있다. 사출압력을 높임으로써 3~5점의 핀포인게이트로 진원도를 향상시킬 수 있다. 사출압력은 용융수지가 캐비티 내를 완전 충전하기 위한 중요한 요소이다. 그러나 사출압력은 노즐, 스프루, 런너에서 저하하고 캐비티 내에서의 수지유동압력은 낮다. 캐비티 내의 용융수지는 금형에서 열을 흡수하여 극단적인 유동성의 악화와 더불어 압력이 저하한다. 특히 살두께가 얇은 성형품은 유동성이 나빠지고 게이트에서 떨어진 부분의 압력이 낮아져 수축률이 산포의 원인이 된다. CD와 같이 제품이 돌출핀 자국이 생겨서는 안되는 제품은 캐비티 공기가 빠져나갈 곳이 없어진다. 이같이 캐비티 내의 공기는 용융수지의 유동을 저해하기 때문에 캐비티 내압의 변동이 커지고 치수정밀도가 변동하게 된다.

### 3) 폴리부틸렌 테레프탈레이트

폴리부틸렌 테레프탈레이트(PBT)는 결정성의 열가소성 폴리에스테르로 내약품성, 전기적 성질, 열열화특성, 치수안정성 등이 우수하고 각종 부품에 사용되고 있지만 유리 전이온도가 40~60℃이고 비강화그레이드의 열변형 온도가 낮기 때문에 공업용 부품으로서는 불충분하다. 이 때문에 전체의 약 82%가 강화된 그레이드 등급이다. PBT는 결정성 플라스틱이기 때문에 그림 4-14와 같은 상변화(相變化)가 있는 비용적~온도의 관계를 가지고 있다. 이 때문에 성형수축률은 1.5~2.0%로 크다. 유리섬유로 강화시키면 그림 4-15에서와 같이 이 성형수축률의 이방성(異方性)이 크게 나타난다. 이것이 성형품의 변형의 주요인으로 정밀성형상 가장 문제가 된다. 성형수축률의 이방성은 보강재, 충전재의 종류(형상)에 따라 다르다.

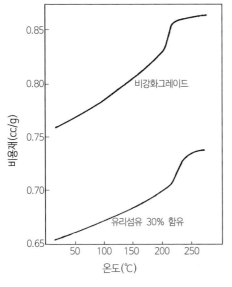

**그림 4-14** PBT의 비용적의 온도의존성

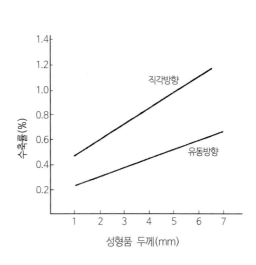

**그림 4-15** 유리섬유 30% 함유 HB그레이드의
성형수축률의 이방성

물성 개질(改質)의 목적으로 복합화되어 판매되고 있다. 표 4-12에 그것들의 한 예를 나타낸다. 이와 같이 수축률의 이방성이 거의 없는 것과 큰 것이 있고 후자는 변형이 일어나기 쉽다. 즉 복합화에 즈음해서는 물성과 성형수축률의 이방성과의 균형을 고려해서 재료를 설계해야 한다. 또 유리섬유의 양, 난연제의 첨가, 베이스폴리머의 중합도 등에 의해서도 성형수축률이 다르다(그림 4-16, 4-17 참조).

**표 4-12** 듀라넥스 그레이드의 각 성형수축률

| 그레이드 | 성형수축률(%) | | 차(差) |
|---|---|---|---|
| | // | ⊥ | |
| 3300 | 0.3 | 0.8 | 0.5 |
| 7400W | 0.5 | 0.8 | 0.3 |
| 6300B | 1.7 | 1.7 | 0 |
| 6300T | 0.6 | 1.0 | 0.4 |
| 7407 | 0.2 | 0.4 | 0.2 |
| 7380W | 0.5 | 0.7 | 0.2 |

주) 시험편두께 : 3mm
게이트 : 4mmW×2mmt
금형온도 : 70℃
사출압력 : 700kg/mg

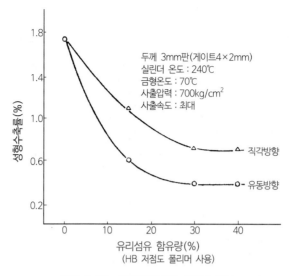

두께 3mm판(게이트4×2mm)
실린더 온도 : 240℃
금형온도 : 70℃
사출압력 : 700kg/cm²
사출속도 : 최대

직각방향

유동방향

유리섬유 함유량(%)
(HB 저점도 폴리머 사용)

**그림 4-16**  유리섬유량과 성형수축률

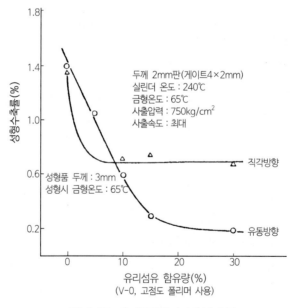

두께 2mm판(게이트4×2mm)
실린더 온도 : 240℃
금형온도 : 65℃
사출압력 : 750kg/cm²
사출속도 : 최대

직각방향

성형품 두께 : 3mm
성형시 금형온도 : 65℃

유동방향

유리섬유 함유량(%)
(V-0, 고점도 폴리머 사용)

**그림 4-17**  유리섬유령과 성형수축률

정밀성형에 의해서 좁은 범위의 공차에 넣어도 성형품의 사용됨에 따라서 후수축과 같은 치수변화를 일이키면, 공차에서 벗어나 성능상에 부적합 상태가 생긴다. 성형변형의 완화, 결정화의 진행 등에 의한 치수변화는 성형조건과도 관계하므로 이 성질도 충분히 이해하여 조건설정하지 않으면 정밀성형품을 얻을 수 없다. 두께 3mm의 성형품을 금형온도 65℃에서 성형했을 때의 후수축률의 일례를 그림 4-18에 나타낸다.

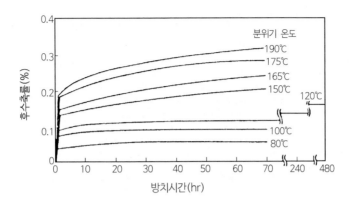

**그림 4-18** GF 30% 함유 HB그레이드의 후수축에 미치는
분위기 온도의 영향(유동방향의 수축률)

## 4) 강화 PET

FR-PET는 결정성 수지이기 때문에 성형품의 결정화도에 의해 특성이 다르고 FR-PET의 우수한 특성(특히 내구성)을 발휘시키는데는 성형품을 충분히 결정화시킬 필요가 있다. 거기에서 충분히 결정화된 성형품을 얻으려면 고온금형(약 130℃)에서 성형하는 방법과 저온금형(약 60℃)으로 성형하고 성형 후 열처리(약 130℃)하는 두 가지 방법이 있다.

① 50~70℃ : 성형품 표면에 유리섬유가 유출되어 윤기가 없고 두께가 얇은 경우에는 어느 정도의 윤기는 있지만, 이 성형품을 열처리(120℃)하면 윤기가 없어진다.

② 70~120℃ : 전체적으로 윤기가 없어져 곳곳이 곰보자국으로 된다. 또 이 온도에서는 이형성(異形性)도 좋지 않기 때문에 꼭 피할 것.

③ 120~140℃ : 적정온도, 표면의 윤기가 좋다.

④ 140℃~ : 표면의 광택은 좋지만, 경우에 따라서는 가스얼룩이 발생되고, 또는 탄성계수적으로 문제가 생겨 이형성이 나빠지기도 한다.

이상과 같은 금형온도는 저온금형의 경우는 60℃, 고온금형의 경우는 130℃로 설정하는 것이 적당하다.

FR-PET는 결정성 수지이고 또한 유리섬유가 혼입되어 있기 때문에 성형조건, 성형품의 형상 등에 의해 성형수축률은 변화한다.

① 결정화도에 의해 성형수축률이 다르다. – 금형온도 성형품 살두께

② 유리섬유의 배향의 관계에서 성형수축률에 방향성이 있다.

그림 4-19는 판상태의 성형품에서 유동방향이 확실히 판단된 결과이다.

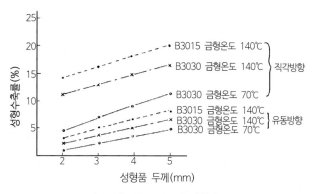

**그림 4-19** FR-PET의 성형수축률

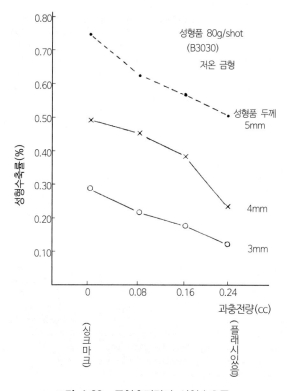

**그림 4-20** 금형충전량과 성형수축률

FR-PET의 용융점도는 낮으므로 경우에 따라서는 사출 중 역류하는 것이 있다. 이와 같은 경우 성형수축의 변동이 커진다. 따라서 엄밀한 치수정밀도가 요구되는 경우는 역류방지링을 설치하는 것이 좋다. 그림 4-20은 의도적으로 금형충전량을 바꾸어 성형한 경우의 성형수축률의 변화를 나타낸 것이다.

재생품을 혼합해서 성형하는 경우 계량이 불안정하게 되기 쉽고 치수산포가 커지는 것도 있다. 이

같은 경우 역류방지링을 설치하여 배압을 올리면 좋다. 성형수축률의 방향성이 원인으로 성형품의
형상에 따라서는 역변동을 일으키는 경우가 있다. 이 같은 경우에는 위치를 변경하는 것이 효과적이
다. 또 고온금형의 경우는 냉각시간을 적고 짧게하고, 냉각 치구(治具, 교정치구)로 교정하는 방법도
효과가 있다.

### 5) 변성 폴리페닐렌 옥사이드

#### (1) 치수정밀도

재료특성 내에서 성형품의 치수정밀도를 좌우하는 요인으로서는 성형수축률, 열수축률, 선팽창계
수, 강성(탄성률, 크리프특성), 유동성 등이 있다.

성형수축률은 치수정밀도에 가장 큰 영향을 주는 인자이고, 성형수축률이 작은 재료만큼 치수정밀
도가 좋다고 할 수 있다. 그림 4-21의 앵글형 성형품에서는 성형수축이 큰 재료일수록 크게 기우는
경향이 있다. 상자모양의 성형품에서는 이 기울기가 내(內)휨의 원인이 된다(상자모양의 성형품에서
는 금형 코어의 열방산이 나쁘기 때문에 캐비티에 비교해 금형온도가 높아지기 쉽고 코어에 접하는
수지는 서서히 냉각된다. 이 때문에 코어측의 수축이 커지고 내휨을 조장시킨다).

또 성형수축률이 큰 수지에서는 당연 금형온도, 사출압력, 제품두께 등의 조건 변동에 의한 수축
률의 변동폭도 커지고 성형조건의 불균형에 의한 치수치의 산포 혹은 성형품 내부에서의 부분적인
수축률의 차에 의한 휨, 뒤틀림을 발생하기 쉽다. 따라서 성형수축률이 작은 재료에 비교해서 보다
엄격한 성형조건을 조정하는 노력이 필요하기 때문에 불리하다.

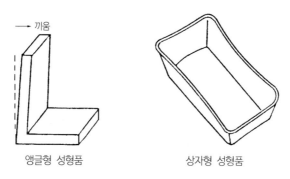

**그림 4-21** 성형품의 형태에 따른 성형수축률

그림 4-22, 4-23에 노릴의 일반그레이드 SE1J의 성형수축률 데이터를 표시하지만, 노릴은 성형수축
수준이 0.5~0.7%로 작고 성형조건의 변동에 있어서도 극히 작은 영향밖에 받지 않아 정밀성형에
적합한 수지이다. 결정화에 동반하는 체적감소에 의해 큰 수축변동을 갖고 있는 결정성 수지에 비교
해 큰 우위성을 나타내고 있다.

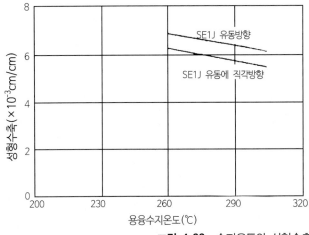

**그림 4-22** 수지온도와 성형수축률

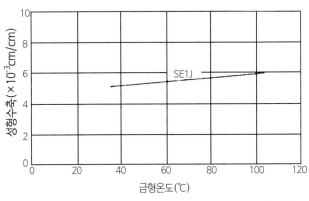

**그림 4-23** 성형수축과 금형온도

또 수지의 유동방향과 직각방향에 생기는 성형수축률의 이방성과 물성의 차이는 성형품에 휨, 뒤틀림을 발생시키고 성형품의 치수정밀도를 크게 저하시키며 정밀성형을 할 때 큰 장해가 되는 경우가 많다. 플라스틱의 탄성률, 크리프특성을 향상시키는 데는 섬유상태의 필러가 가장 효과적이라고 생각하면 하중하에서 사용되는 정밀성형품으로 비결정성 수지의 우위성을 알 수 있다.

### (2) 강화 그레이드

유리섬유 강화재료의 치수정밀도의 개량방법으로서 유리섬유의 L/D를 짧게 한다. 이 예를 그림 4-24~4-26에 나타낸다. 그림 4-24는 노릴에 보통의 장섬유 GF, 그림 4-25는 단섬유 CF, 그림 4-26은 유리비즈를 충전한 샘플의 성형수축률의 이방성을 나타낸 것이다. 이것을 보면 유리섬유를 짧게 하는 것에 의해 이방성의 개량효과가 인정되지만, 한편 성형수축률은 GF함유율을 올려도 그다지 저하하지 않는다. 또 굽힘탄성률의 향상효과가 꽤 저하하고 크리프특성의 향상이라는 방향에서 역행해버린다. 즉, 유리섬유 길이를 짧게 하고 이방성을 감소시키는 것만으로는 고도의 치수안정성의 개량이라는 의미에서는 불충분하다고 말할 수 있다.

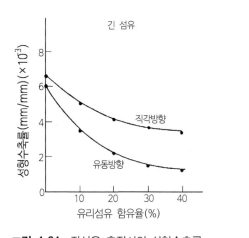

**그림 4-24** 장섬유 충전시의 성형수축률

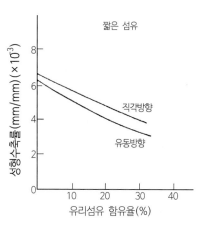

**그림 4-25** 단섬유 충전시의 성형수축률

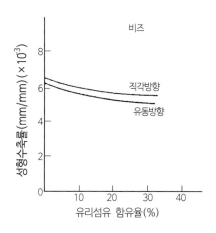

**그림 4-26** 유리비즈 충전시의 성형수축률

종래의 유리섬유 강화 그레이드의 탄성률 크리프특성을 향상시키고(혹은 저하시키지 않고) 성형수축률 선팽창계수의 이방성을 적게해서 치수안정성을 개량한 그레이드가 판매되고 있다. 예를 들면 노릴 HM3020J, HM4025J 및 FM3020J이다. 그림 4-27에 HM3020J, HM4025J의 성형수축률의 이방성 개량효과를 나타낸다. 이것들의 그레이드는 유리섬유와 다른 무기필러에 의한 강화를 행하고 있고 그레이드명의 최초의 2줄이 총함유율 후의 2줄이 유리섬유의 함유율을 나타낸다.

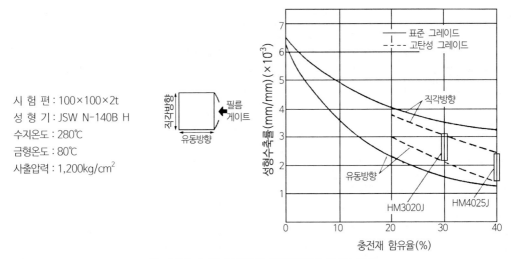

시 험 편 : 100×100×2t
성 형 기 : JSW N-140B H
수지온도 : 280℃
금형온도 : 80℃
사출압력 : 1,200kg/cm²

**그림 4-27** 노릴 복합강화 그레이드의 성형수축률

## 6) 폴리페닐렌 설파이드

### (1) 치수정밀도, 안정성

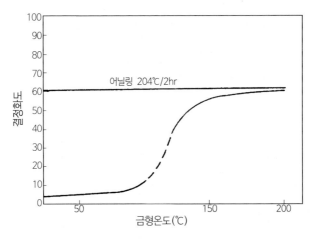

**그림 4-28** 금형온도와 결정화도(R-4)

라이톤 ⓡ PPS 수지는 결정성 수지이고 금형온도의 변화에 따른 결정화도가 그림 4-28과 같이 변화한다. 즉 금형온도가 높을수록 결정화도가 높아지고 따라서 내열성이 커지고 장기에 걸쳐서 치수가 안정된다.

보통 상온~80℃까지의 저온금형 및 120~150℃의 고온금형이 이용되지만, 85~110℃에서의 성형은 약간 이형불량이 생기는 경우가 있다. 결정화도가 진행되면 ① 성형수축률이 증대한다(그림 4-29). ② 싱크마크가 생기기 쉽다. 라는 등의 정밀성형측으로 결점이 생기지만, 다른 쪽으로는 ①

열변형온도가 향상한다. ② 굽힙탕성률(강성)이 증가한다. ③ 치수경시화 및 내크리프성이 향상된다. ④ 전단강도가 증가한다. ⑤ 성형품 표면광택이 좋아진다. ⑥ 고온환경하에서의 치수안정성이 향상한다. ⑦ 선팽창계수가 낮아지는 등 물성면에서의 이점이 매우 많다. 그 때문에 보통 라이톤 ⑧ PPS의 성형에 있어서는 고온금형(120~150℃)을 사용하는 경우가 많지만, 역으로 결정화도를 누르는 것에 의해서 치수의 재현성이 좋아지고, 싱크마크, 휨이 없어지는 등의 정밀성형으로의 대응을 할 수 있다.

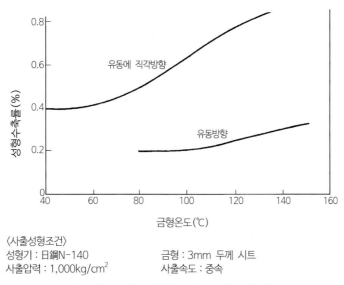

〈사출성형조건〉
성형기 : 日鋼N-140          금형 : 3mm 두께 시트
사출압력 : 1,000kg/cm²       사출속도 : 중속

**그림 4-29**  성형수축률과 금형온도와의 관계(R-4)

### (2) 변형·휨

라이톤 ⑧ PPS 성형재료에는 여러 가지의 그레이드가 있고 일반적으로는 유리섬유가 강화되어 있기 때문에 금형온도가 상승함에 따라서 수축률은 증가하고 GF의 배향과 직각방향에서는 명확한 성형수축률의 차가 생긴다(예를 들면 60℃의 저온금형에서는 수지의 유동방향 0.2%, 직각방향 0.4%). 또 제품두께가 증가하면 더욱 증폭되는 경향이 있다(그림 4-29).

따라서 저온금형쪽이 성형수축률의 GF배향에 의한 이방성, 즉 이방성에 의한 변형, 휨을 방지할 수 있다. 또 이 경우 수지의 유동방향에 의한 강도변화, 웰드라인에 의한 강도저하에 주의하고 게이트 형상의 선정 및 게이트 위치에는 특히 설계상의 배려가 필요하다.

또 휨에 영향을 주는 하나의 인자로서 충전속도를 들 수 있다. 그림 4-30에 나타나듯이 느린 충전속도가 휨을 감소시킨다. 그림 4-30의 실린더 온도 330℃ 근방에서는 충전도가 낮은 성형품은 보다 충전도가 높은 성형품에 비교해 크다. 또 휨을 최소한으로 억제하면서 복잡한 금형에 충전하는 경우에 있어서는 금형온도 및 사출속도를 증가시키는 것보다도 실린더 온도를 증가시키는 쪽이 좋다. 보압시간, 냉각시간을 길게 하는 것에 의해 싱크마크, 휨 등의 성형뒤틀림을 작게 할 수 있다.

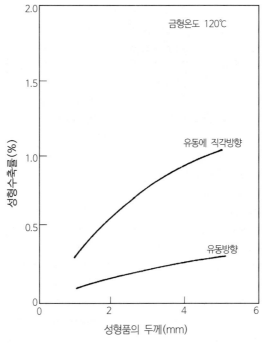

**그림 4-30** 성형수축률과 성형품 두께와의 관계(R-4)

## 7) 폴리아릴레이트

유니티카 폴리아릴레이트 〈U폴리머〉에는 3가지의 시리즈가 있고 투명, 비결정성의 〈U시리즈〉와 새로운 유동성 개량 타입의 투명, 비결정 〈P시리즈〉 또한 불투명, 응결정성에 〈AX시리즈〉이다. U-100의 용융점도 특성을 그림 4-31에 나타낸다.

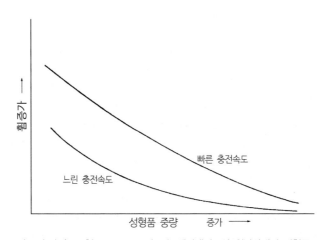

(R-4) (1/8×8"(3.2×200mm) 경, 센터게이트식 원반상태의 성형품

**그림 4-31** 33℃ 실린더 온도에서 성형품 중량의 휨에 미치는 영향

그림 4-32와 같이 U-100의 용융점도는 동일온도에서는 폴리카보네이트에 비교해서 거의 10배의 크기이다. 또 그림 4-33에 U-100의 버플로우 길이의 데이터를 나타낸다. 두께가 2mm 이하가 되면 급격히 버플로우가 저하하기 때문에 U-100 그레이드에서 제품설계를 할 때는 주의가 필요하다. 표 4-13에 표준적인 대표 그레이드의 사출성형조건을 나타낸다. U시리즈와 P시리즈의 성형수축률을 그림 4-34에 나타내지만 폴리카보네이트와 거의 가까운 수치를 가지고 금형의 공용이 많을 경우 가능하다. AX시리즈에 대해서는 약간 성형수축률이 크다. 이것은 결정성에 기인한다.

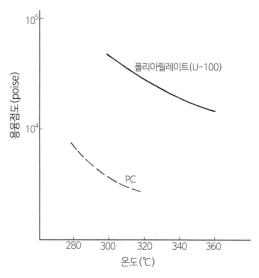

(Koka type 프로테스터, 노즐경 : 0.5φ×1.0mm, 압력 100kg/mg)

**그림 4-32** 폴리아릴레이트의 용융점도의 온도의존성

**표 4-13** 폴리아릴레이트 및 변성폴리아릴레이트의 표준적 사출성형조건

| 조건 | 수지그레이드조건 | | 폴리아릴레이트 | 변성폴리아릴레이트 | |
|---|---|---|---|---|---|
| | | | U-100 | U-8000 | AX-1500 |
| 예비건조(℃×hr) | | | 140×6 | 110×6 | 90×6 |
| 사출<br>성형<br>조건 | 실린더온도<br>(℃) | 노즐 | 360 | 290 | 260 |
| | | 전부(前部) | 360 | 290 | 260 |
| | | 중부(中部) | 350 | 280 | 250 |
| | | 후부(後部) | 310 | 260 | 240 |
| | 금형온도 | (℃) | 130 | 80 | 70 |
| | 사출압력 | (kgf/cm²) | 1,000~1,500 | 1,000~1,200 | 500~1,000 |

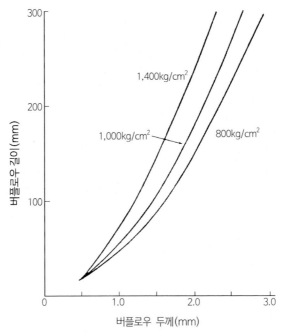

**그림 4-33**   폴리아릴레이트의 버플로우의 두께 및 사출압력 의존성

금형온도가 낮은 경우 U시리즈에서는 특히 성형에 수반하는 잔류변형이 커지고 사용환경하에서 경시적인 크랙이 발생될 염려가 있기 때문에 주의를 요한다. 코너 R빼기가 불충분한 제품이나 편육 (偏肉) 정도가 큰 제품은 잔류변형이 커지기 쉽기 때문에 금형온도에는 충분히 유의할 필요가 있다.

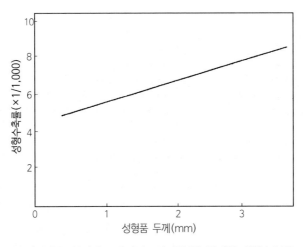

**그림 4-34**   U시리즈, P시리즈의 성형품 두께와 성형수축률

## 8) 폴리설폰

폴리설폰은 비결정 수지이기 때문에 성형시의 수축이나 휨이 극히 작다는 것이 큰 장점이다. 성형 수축률은 어느 그레이드도 0.002~0.007의 범위에 있고 특히 유동방향과 직각방향과의 차가 상당히 작은 것이 특징이다. 폴리설폰은 정밀성형용 엔지니어링 플라스틱으로서 매우 우수한 재료이다. 폴리설폰의 유동특성은 폴리카보네이트와 유사하다.

그림 4-35에 나타내듯이 용융점도의 전단속도의존성이 낮다. 이것은 성형시에 있어서 용융점도가 비교적 높다는 것을 의미한다. 따라서 금형설계에 있어서 특히 고려해야 할 점은 스프루, 런너, 게이

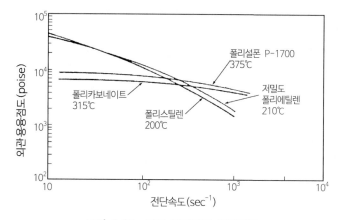

**그림 4-35** 각종 폴리머의 용융점도

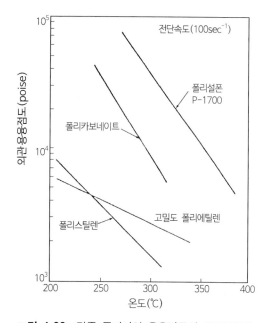

**그림 4-36** 각종 폴리머의 용융점도의 온도의존성

트 등에 있어서 유동저항을 될 수 있는 한 작게 해야 한다는 것이다. 스프루 런너를 짧고 굵게 하고 게이트랜드를 짧게 하는 등 금형을 충분히 연마하는 것도 필요하다.

또 그림 4-36에 나타내듯이 용융점도의 온도의존성은 비교적 크다. 따라서 성형품의 치수를 엄밀하게 조절하는데는 수지온도를 충분히 조절하는 것과 금형에 적절한 유로를 만들고 기름욕(Oil both) 등으로 금형전체를 균형있고 정확하게 온도조절하는 것이 중요하다.

**표 4-14** 폴리설폰유리 30% 함유의 성형수축률

성형기 : 각기 M-32 SJ
시험편 : ASTM D-256 Izod용 크기 63.5mm×12.7mm×두께 3.1mm

시이드게이트

| No | 수지온도 (℃) | 금형온도 (℃) | 사출속도 (눈금) | 배압 (kg/cm²) | 스크류 회전수 (rpm) | 수축률 (mm/mm) | |
|---|---|---|---|---|---|---|---|
| | | | | | | 흐름방향 | 직각방향 |
| 1 | 330 | 120 | 고속(800) | 10 | 50 | 0.0029 | 0.0042 |
| 2 | 350 | 90 | | | | 0.0026 | 0.0040 |
| 3 | | 120 | 저속(200) | | | 0.0033 | 0.0045 |
| 4 | | | 중속(500) | | | 0.0026 | 0.0041 |
| 5 | | | 고속(800) | | | 0.0024 | 0.0039 |
| 6 | | | | 20 | | 0.0025 | 0.0040 |
| 7 | | | | 30 | | 0.0026 | 0.0040 |
| 8 | | | | 10 | 100 | 0.0025 | 0.0040 |
| 9 | | | | | 150 | 0.0027 | 0.0041 |
| 10 | | 150 | | | 50 | 0.0027 | 0.0040 |
| 11 | 370 | 120 | | | | 0.0025 | 0.0039 |

폴리설폰은 유리섬유 등의 보강재가 첨가된 경우에도 유동방향과 직각방향과의 성형수축률 차가 상당히 작다. 이것은 일반의 결정성 수지에 비교해 크게 다른 점이다. 표 4-14는 폴리설폰유리 30% 함유의 그레이드의 여러 가지 성형조건에 의한 수축률을 정리한 것이다. 이 표에서도 수축률의 방향차가 작은 것을 알 수 있다. 또 그림 4-37에는 유동방향의 수축률에 미치는 성형조건의 영향을 정리하였다.

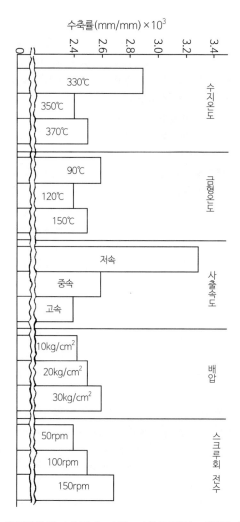

**그림 4-37** 유동방향의 수축률에 미치는 성형조건의 영향(유리 30% 함유)

### 9) 폴리에테르설폰

PES는 225℃의 유리전이점(이후, Tg라고 약한다)을 가지는 비결정 수지이고 온도상승에 수반하는 물성의 저하가 적고 특히 탄성률은 200℃ 부근까지 거의 변화하지 않고 180~200℃의 내열노화성을 나타냄과 동시에 내열수성 및 내약품성이 우수한 수지이다.

PES의 용융점도의 전단(剪斷)속도 의존성은 폴리카보네이트나 폴리설폰과 같이 저전단속도 영역에서는 작고 고전단속도에서는 커지는 경향을 나타내며 온도의존성은 크다. 치수정밀도에 관한 인자로서는 재료특성, 금형정밀도, 제품설계, 성형조건, 성형기성능 등으로 분류할 수 있고 모든 조건이 충족되었을 때 치수정밀도가 양호한 제품을 얻을 수 있다.

**표 4-15** 성형수축률(64mm□×3mmt)

| | PES 계 | | | | |
|---|---|---|---|---|---|
| | 4100G/ 4800G | 4101GL30 | 스미플로이 FS2200 | 스미플로이 CS5600 | 스미플로이 WS5501 |
| MD | 0.6 | 0.16 | 0.7 | 0.10 | 0.19 |
| TD | 0.6 | 0.28 | 0.7 | 0.25 | 0.19 |

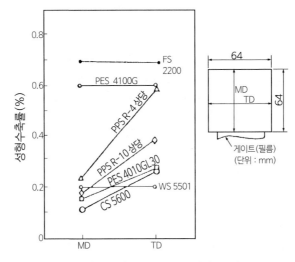

**그림 4-38** 성형수축률의 이방성(3mm)

재료특성 중에서 중요한 인자는 성형수축률의 크기나 이방성, 이형(離型)시의 탄성률 등이다. 표 4-15 및 그림 4-38에서 PES의 성형수축률 및 이방성을 나타내지만 비강화 그레이드인 4100G, 4800G 및 섭동 그레이드인 FS2200, 두꺼운 성형그레이드의 WS5501은 이방성이 극히 작다. 또 WS5501은 수축률이 작음에도 불구하고 이형성도 양호한 그레이드이고 높은 치수정밀도를 얻을 수 있다.

유리섬유나 탄소섬유를 충전한 고강도 그레이드에서는 섬유의 배향에 기인한 이방성이 보이기 때문에 금형의 치수 견적에 있어서는 배향상태를 예측한 설계를 하는 것이 중요하다.

PES계 그레이드의 성형수축률의 성형품 두께의존성을 그림 4-39에 표시하지만, 얇은 두께의 경우에는 압력손실이 크고 약간 큰 수축률을 나타내면 2~3mm의 두께로 최소치가 되고 두께화에 따라서 약간 증가하는 경향을 나타낸다.

WS5501은 그 변화율도 극히 작고 두께 변동이 있는 성형품에 대해서도 양호한 치수정밀도를 보증할 수 있는 재료이다. 치수안정성은 최종제품의 신뢰성이라는 점에서 중요한 과제이지만, 인자로서는 선팽창계수, 크리프변형성, 흡수에 의한 치수변화 등을 생각할 수 있다. PES계의 선팽창계수의 온도의존성을 그림 4-40에 나타낸다.

PES계 그레이드는 30~210℃의 사이에서 거의 일정한 값을 나타내고 스미프로이 WS5501은 알루미늄과 같은 선팽창계수를 갖고 있으며 금속재료와 조립해서 사용하는 경우에는 매우 유용하다.

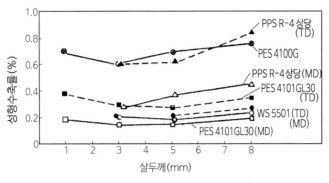

**그림 4-39** 성형수축률의 두께의존성

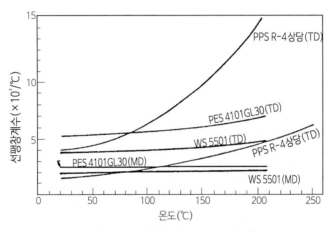

**그림 4-40** 선팽창계수의 온도의존성

## 10) 폴리에테르에테르케톤

PEEK는 결정성 수지(최대결정화율 : 48%)로 PES에 비교해 Tg이 143℃로 낮기 때문에 100~150℃ 부근에서 탄성률의 현저한 저하가 일어나지만 융점(Tm)이 334℃로 높고 PES 이상의 고온까지 형상유지와 어느 정도의 탄성률을 보유하는 내열적 특징과 함께 내피로성, 단기적으로는 290℃의 열수, 스팀에 견디는 내열수성, 농류산(濃硫酸) 이외에는 침식되지 않는 내약품성 등의 특징을 가지고 있다.

용융점도에 관해서 PEEK는 폴리에틸렌테레프탈레이트(PET)나 PBT의 경향과 비슷하고 전단속도 의존성이 크고 온도의존성은 작은 경향을 나타낸다. 표 4-16에 성형수축률과 그 이방성을 나타낸다.

PEEK는 결정성 수지이므로 결정화에 따른 상태변화에 의해서 큰 수축을 나타냄과 동시에 결정배향에 의한 이방성이 나타난다. 섬유 충전에 의해 수축률은 $\frac{1}{3}$ 정도로 경감되지만, 이방성은 크고 PES계에 비교해 높은 치수정밀도가 요구되는 제품에 대해서는 신중하게 대처할 필요가 있다.

표 4-16  성형수축률(64mm□×3mmt)

| | PEEK 계 | | |
|---|---|---|---|
| | 450 | 450GL30 | 스미플로이 CK4600 |
| MD | 1.3 | 0.26 | 0.13 |
| TD | 1.1 | 0.56 | 0.55 |

PEEK의 수축률은 결정화도에 의해서 변화한다. 결정화 속도가 PET와 같이 비교적 느리므로 결정화 속도는 금형온도에 의해서 변한다. 결정화속도가 최대가 되는 온도는 약 230℃이고 금형온도 160℃ 전후에 있어서 일단 결정화된 성형품을 얻을 수 있지만, 표층부는 비결정 또는 저결정성이다.

표 4-17에 성형수축률의 금형온도 의존성 및 어닐린에 의한 수축률을 증대에 대해서 나타낸다. 성형품의 물성은 결정화도에 의존하고 결정화도가 높을수록 내용제성, 기계적 성질이 좋아지는 반면 파단신장이 감소된다. 성형품을 어닐 처리함으로써 결정화도를 올릴 수 있지만 어닐에 의한 수축이 일어나며 금형온도가 낮은 만큼 어닐에 의한 수축은 커진다. PEEK에서 치수정밀도가 높은 제품을 얻으려면 이들의 특성을 파악한 뒤에 성형조건의 선정 및 안정화를 꾀하는 것이 중요하다.

표 4-17  PEEK450G의 성형수축률 및 어닐수축

| | | | | 금형온도 | |
|---|---|---|---|---|---|
| | | | | 40℃ | 160℃ |
| 성형수축률(%) | | | | 0.57 | 1.48 |
| 어닐에 의한 수축률 (%) | 어닐온도 200℃ | 시간 | 1hr | 0.18 | 0.15 |
| | | | 3hr | 0.20 | 0.16 |
| | | | 5hr | 0.58 | 0.20 |
| | 어닐온도 230℃ | 시간 | 1hr | 0.18 | 0.18 |
| | | | 3hr | 0.24 | 0.21 |
| | | | 5hr | 0.60 | 0.21 |

## 11) 폴리에테르이미드

그림 4-41에 나타나듯이 전단속도가 낮을 때에는 외관점도가 커서 압출가공이나 블로 성형에 적합하다. 전단속도가 높을 때는 점도가 작아 사출성형시에 충분한 유동성을 얻을 수 있다. 울템의 사출성형에서는 수지온도는 340~425℃로 일반의 수지에 비교해서 조금 높게 설정해야 한다. 또 금형의 온도조절이 필요하고, 적어도 70℃ 이상으로 해야 한다. 만약 금형온도가 너무 낮으면 수지의 고화온도가 높아져서 충분한 유동성을 얻을 수 없을 뿐 아니라, 잔류응력이 커지고 깨지는 등의 불량을 일으키는 원인이 된다. 표 4-18에 대표적인 성형조건을 나타낸다.

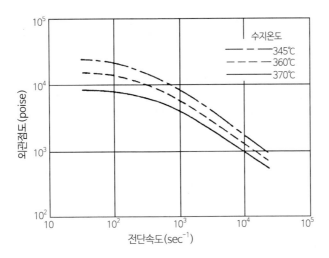

**그림 4-41** 울템 1000 점도와 전단속도와의 관계

**표 4-18** 울템의 대표적인 성형조건

| 항 목 | 성형조건 |
|---|---|
| 재료건조 | 150℃, 4hr 이상(호퍼드라이어가 바람직하다.) |
| 수지온도 | 340~425℃ |
| 설정노즐부 | 325~410℃ |
| 　　　전부 | 320~405℃ |
| 　　　중부 | 315~395℃ |
| 　　　후부 | 310~325℃ |
| 금형온도 | 65~175℃, 금형의 온도 컨트롤이 필요 |
| 사출압력 | 700~1,260 kgf/cm$^2$ |
| 유지압 | 560~1,050 kgf/cm$^2$ |
| 배압 | 4~30kg/cm$^2$ |
| 스크류디자인 | 압축비 : 1.5~3.0, L/D : 16/1~24/1 |
| 사출속도 | 중에서 속도를 빨리하기 |
| 형체압 | 500~800kgf/cm$^2$ |
| 스크류회전 | 50~400rpm |
| 퍼징 | HDPE, 유리강화 폴리카보네이트를 사용해서 울템의 성형온도에서 퍼지를 하고, 설정온도를 내려 260℃가 될 때까지 할 것. |
| 성형수축 | 0.005~0.007cm/cm |
| 이형제 | 통상은 필요없지만, 제품의 형상 등에 따라서 필요한 경우는 일반 시판의 난형제가 사용된다. |

울템과 같은 비결정성 수지는 결정성 수지에 비교해서 수축이 작고 수축률 그 자체도 작다. 이것은 비결정 수지에서는 결정화에 수반되는 수축이 없기 때문이고 일반적으로 결정화는 성형조건에 의존하기 때문이다. 또 울템은 앞에 기술한 것과 같이 유동성이 우수하기 때문에 두께가 얇은 제품에 있어서도 충분히 성형할 수 있고 정밀한 물건을 얻을 수 있다.

울템은 비결정성이고 또한 열변형온도가 200℃로 높기 때문에 넓은 온도범위에서 물성이 안정하다. 더구나 굽힘탄성률이 비강화수지 가운데서 가장 높고 그 결과로서 내크리프성이 우수하여 하중이 장기간에 걸쳐서 걸리는 용도에 적합하다. 그림 4-42는 습도를 변화시킬 때의 치수변화를 나타낸 것이다.

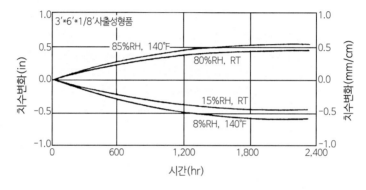

**그림 4-42** 온도와의 습도에 의한 치수변화

CHAPTER
# 05
# 제품설계

# chapter 05 제품설계

## 5.1 수지특성을 고려한 제품설계

### 5.1.1 성형품의 조립과 형합

제품의 형합지정은 일반적으로 끼워맞춤측은 (−)공차, 반대측은 (+)공차를 지정하는 경우가 많다. 그 경우 clearance(C)를 정하는 데 있어 제품의 기능, 외관이 중요시되기 때문에 실제의 금형제작정도(精度), 성형조건 등의 산포폭(散布幅)은 대단히 작은 것이 요구된다. 그러나 성형품의 치수는 가능한 여유를 부여해야만 하므로 수지특성의 수축성형조건 등에 의해 형합이 너무 헐겁다든지 꽉끼어서 들어가지 않는 경우도 생긴다.

그림 5-1에 텔레비전 cabinet(캐비닛)의 front cabinet과 back cover의 형합상태를 나타냈다.

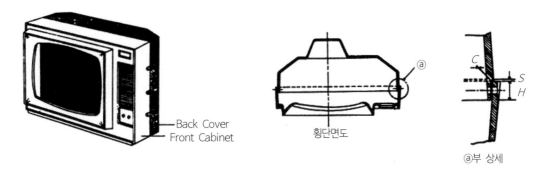

**그림 5-1** 텔레비전 Cabinet의 형합

가정용전자제품에 있어 외장관계에서는 외관도 중요한 포인트가 되기 때문에 형합틈(clearance)은 크게 잡을 수가 없다(생산성을 고려하면 큰 편이 좋지만). 그림의 경우, front cabinet은 고내충격 polystyrene(HIPS)이나 ABS수지를 사용하고 back cover는 내열성의 ABS수지나 polypropylene(PP)이다. 양쪽 모두 ABS 수지라면 성형수축이 작고 성형품의 치수 정도의 산포가 적기 때문에

clearance도 비교적 작게 할 수가 있다. 그러나 back cover가 polypropylene인 경우에는 성형수축이 다르기 때문에 설계에 있어서는 전자보다 크게 할 필요가 있다. 전자의 clearance(C)를 0.5~0.8로 한다면 후자에서는 1.0~1.5 정도의 clearance가 필요하다. 실제에는 성형 시작 후 양쪽의 치수정도를 고려해서 한 쪽의 금형을 수정하면 clearance를 작게 할 수가 있다. cabinet의 외형치수가 작다면 clearance는 작게 해도 좋지만, 외형 치수가 500~700 mm 정도가 되면, 수축률이 $\dfrac{1}{1,000}$ 틀려도 그 차이는 0.5~0.7 mm 생긴다. 따라서 양쪽 성형품의 산포를 맞추면 1.0~1.4 mm나 된다. 그러므로 최초의 설계시점에서는 상당한 안전을 고려한 치수를 잡아야만 한다.

그림 5-2는 각형용기(vessel)의 형합 상태를 나타낸다. 용기 등의 본체와 뚜껑의 형합상태가 딱 맞는 것이 필요한 경우에는 처음부터 그 상태의 형합공차를 지시해도 위험성이 있으므로 나소의 어유를 준 clearance로 잡고, 시작 후 금형을 수정해서 소정의 형합상태로 하는 것이 바람직하다.

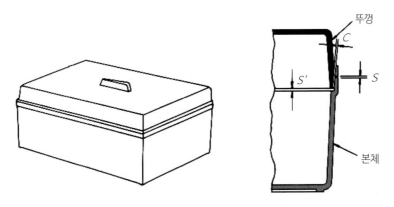

**그림 5-2** 용기본체와 뚜껑의 형합

그림 5-3은 컨테이너(container) 관계에 있어서 겹쳐 쌓을 때의 형합을 나타냈다. $L \times W$ 의 크기에 의해 다소의 차이가 있지만 일반적으로 틈새 $C$값은 5~8 mm 정도 필요하다. 이것은 차량 등에서의 쌓기를 용이하도록 한 것이며 너무 적으면 작업성이 나빠진다. 단, 운반중의 횡요동 등에 의해 하물(荷物)의 찌그러짐이 일어나지 않도록 치수 $H$ 는 6~10 mm 정도 필요하다. 또한 각도 $\alpha$를 주므로 미끄러져 들어가기 쉽도록 하기도 한다.

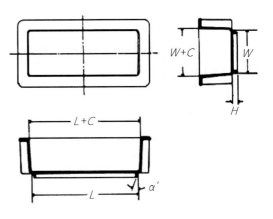

**그림 5-3** 컨테이너의 겹쳐쌓기 형합

## 5.1.2 Hinge(힌지)의 설계

Plastic이 갖는 특성을 충분히 살린 설계로서 polypropylene(PP)에 의한 일체 hinge가 있다. 이 일체 hinge는 조립작업을 생략하고 금속부품의 녹을 방지하는데 중요하다. hinge의 두께와 형상은 그림 5-4 및 그림 5-5에 나타냈다. 매우 얇은 막에 의해서 2개의 제품이 연결되어 있다. hinge 설계에 있어 기본적인 사항은 다음과 같다.

① hinge 두께는 소형 hinge에서는 얇게 하는 편이, 대형 hinge에서는 두껍게 하는 편이 좋으나 0.5mm 이상에서는 hinge 효과가 나오기 힘들다.

② hinge 두께에 절대로 살두께의 불균일이 있어서는 안 된다.

③ 성형시에는 수지를 hinge의 한 방향으로부터 흘리고 또한 금형 취출 직후에 수 회 hinge를 굽힌다.

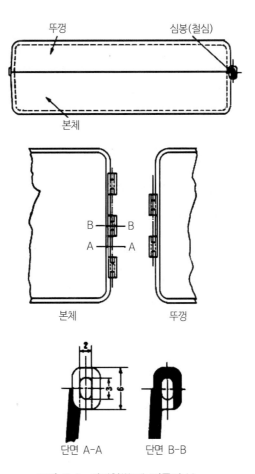

**그림 5-4** 상자형(箱型) 제품의 hinge

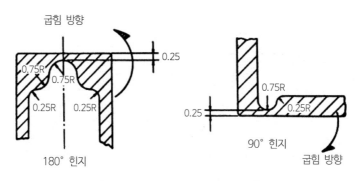

**그림 5-5** Polypropylene의 hinge 치수도

이들 조건에 의해서 성형된 hinge는 수백만 회에 이르는 굴곡에 견디는 우수한 성능을 나타낸다. 이것을 응용해서 예를 들면 자동차의 가속 페달이나 피아노의 키 등에서도 사용된다.

### 5.1.3 설계 예

그림 5-6에 전자 tester를 내장한 polysulphone(PSU) 제품의 case를 나타냈다. 각각의 치수는 그림 5-7에 표시하였다.

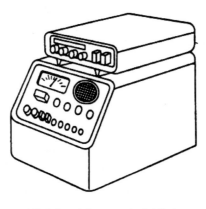

**그림 5-6** 전자 tester의 개략형상

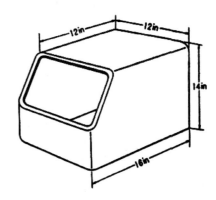

**그림 5-7** Polysulphone제의 case

이 case 위에서는 약 2.7 kgf의 무게를 갖는 별도의 cabinet을 지탱하지 않으면 안 된다. 문제는 다음 3가지로 나눌 수 있다.

### (1) 단시간의 하중

만약 극히 짧은 단시간, cabinet가 case 위에 놓이게 된 경우에는 어느 정도의 살두께로 하면 최대 처짐이 1.25 mm 이내로 보장이 되는가?

## (2) rib의 사용

Rib를 보강하는 것에 의해 밑의 평탄면이 어느 정도 가능하게 될 것인가?

## (3) 장시간의 하중

살두께를 계산할 때에 tester의 내부온도가 만약 60℃에서 10,000시간의 장기간 동안 cabinet가 위에 위치했다고 하면 어떠한 변형이 생기는 것일까?

이것은 자유로이 움직이는 case 끝단에 올려놓음으로써 견뎌내고 있다. 그래서 어떤 폭으로 구분한 소위 단순자리수의 처짐으로 분석해서 고려하는 것이 가능하다. 하중과 처짐의 관계를 도시하면 그림 5-8과 같다.

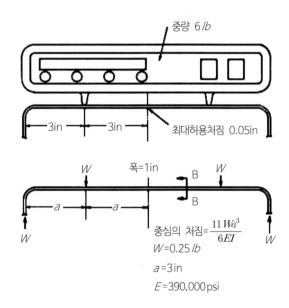

**그림 5-8** 하중과 처짐 관계

적용하는 설계공식은,

$$Y = \frac{11\,Wa^3}{6EI} \quad \text{①}$$

- $Y$ : 처짐량$=0.05\,\text{in}$
- $W$ : 하중$=0.25\,\text{lb}$
- $a$ : $3\,\text{in}$
- $E$ : 굽힘 탄성계수$=390,000\,\text{psi}$
- $I$ : 관성 모멘트

라고 하면 그림 5-9의 장방형 단면형상에 있어서

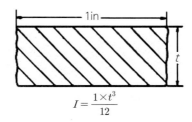

$$I = \frac{1 \times t^3}{12}$$

**그림 5-9** 장방형의 횡단면

$$I = \frac{bt^3}{12} \quad \cdots\cdots\cdots\cdots\cdots\cdots\cdots\cdots\cdots\cdots\cdots\cdots\cdots\cdots\cdots\cdots\cdots\cdots\cdots\cdots ②$$

$b$ : 폭=1in

$t$ : 두께

라 하고 ①식을 대입하면

$$t = 0.197 \text{in}$$

가 된다. 최대 변형률 $S$는

$$S_{\max} = \frac{MC}{I} \quad \cdots\cdots\cdots\cdots\cdots\cdots\cdots\cdots\cdots\cdots\cdots\cdots\cdots\cdots\cdots\cdots ③$$

가 된다. 여기서

$$M : \text{최대 모멘트} = \frac{WL}{4} = \frac{3}{4} lb - \text{in}$$

$$C = \frac{t}{2} = 0.0985 \text{in} \text{에서}$$

$$I = \frac{1 \times t^3}{12} = 6.38 \times 10^{-4} \text{in}^4$$

$$\therefore S_{\max} = 120 \text{psi}$$

이 값은 작아서 문제가 되지 않는다.

그림 5-10에 살두께와 rib의 비율을 나타냈다. 이것을 T형자리의 식으로 끼워맞출 수가 있다.

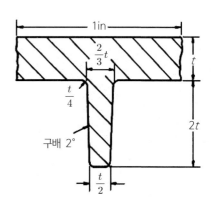

**그림 5-10** 살두께 t와 Rib의 형성

$A$ : 횡(橫) 단면적

$I$ : 관성 모멘트

$C$ : 횡목(橫木)의 길이

라고 하면

$$A = t + \frac{7t^2}{6} \quad\cdots\cdots\cdots\cdots\cdots\cdots\cdots\cdots\cdots\cdots\cdots\cdots\cdots\cdots\cdots ④$$

$$C = \frac{45t + 22t^2}{18 + 21t} \quad\cdots\cdots\cdots\cdots\cdots\cdots\cdots\cdots\cdots\cdots\cdots\cdots ⑤$$

$$I = \left( \frac{3t^3 + 13t^4}{9} \right) - A(2t - C)^2 \quad\cdots\cdots\cdots\cdots\cdots\cdots ⑥$$

여기서 0.05 in 이내의 처짐을 갖는 살두께 $t$를 구해 보면 시작수정에 의한 것이 가장 좋다. 그 결과는 $t = 0.118$ IN 가 되었다. 이것을 위 식에 대입하면 다음과 같다.

$$A = 0.134 \, \text{in}^2$$
$$C = 0.275 \, \text{in}$$
$$I = 6.33 \times 10^{-4} \, \text{in}^4$$

따라서 ③식에서 최대 변형률은 약 300 psi가 된다.

보강 rib에 의한 이점은 살두께를 얇게 하기가 가능하며(40% 절약) 중량을 작게 할 수가 있다(31% 절약). 따라서 case 상면 살두께의 수지중량은 580 g에서 390 g이 되어 그 차이는 약 190 g이 절약된다.

그림 5-11은 polysulphone case의 실제 충격강도가 설계의 양부(良否)에 의해 영향을 받는 것을 나타냈다. 그래서 충격치에 의해 다양한 crack현상이 생긴다. 그림의 측면 살두께는 약 3.2 mm이며 충격강도는 우측모서리에서는 5.5 kgf-m임에도 크랙이 생기지 않는 것을 나타낸다.

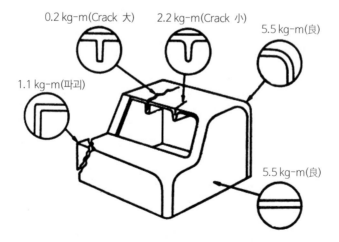

**그림 5-11** 충격에 의한 제품의 영향

모서리의 설계요소에 의해 우측모서리의 round를 준 경우와 좌측모서리의 예리한 코너와 비교가 되고 있다. 예리한 코너에서는 겨우 1.1 kgf-m의 하중에서도 crack이 생기지만 이것에 반해서 올바른 설계라면 5.5 kgf-m에서도 균열은 생기지 않는다. 또 그림에서 좌측의 rib설계는 예리한 모서리와 과도한 살두께가 되어 겨우 0.2 kgf-m의 낙하충격 test에서도 균열이 발생한다.

올바른 rib설계에서 우측은 2.2 kgf-m의 충격에 견디고 십수 회의 결과 약간의 균열이 생겼다. 한편 이것도 측면의 벽에 비교하면 충격저항은 감소하고 있다. 그 밖의 일반적인 살두께에 있어서 말할 수 있는 것은 사용상 문제가 없다면 가능한 얇은 살두께로 해야 한다. 그 결과 성형속도는 빨라지고 사용수지도 적게 되어 경제적이다.

그러나 polysulphone은 비교적 점성(粘性)이 있기에 금형에서의 충전을 용이하도록 하는 것을 고려하지 않으면 안 된다. 일반적으로 흐르는 거리가 긴 제품에서는 최소한 2.3 mm의 살두께가 필요하다. 작은 제품에서는 0.8 mm로 얇게 할 수 있지만 흐름거리는 75 mm를 넘을 수 없다.

## 5.2  금형제작에서 본 제품설계

제품설계, 디자인에 있어서 제품의 사용목적, 조건에 적합한 재료를 선정하는 것, 또는 그 재료의 특성에 부합한 설계를 하는 것은 금형제작을 고려한 설계를 하는데 있어 중요하다. 아무리 이상적인 재료를 사용하여도 금형제작에 무리가 발생한다든지 성형품에 좋지 않는 영향을 끼치는 설계가 되어서는 안 된다. 성형품을 low cost로 하기 위해서는 여러 가지의 조건을 가능한 만족하도록 금형제작에 적합한 디자인 작업을 할 필요가 있다. 그것을 위해서는 제품설계의 단계에서 디자이너, 성형업자, 금형 maker가 충분히 검토하고 종합된 제품설계를 하는 것이 바람직하다.

### 5.2.1  Parting Line(파팅 라인)과 형분할

Parting line은 제품형상에 의해서 필연적으로 결정되는 경우와 형제작(型製作), 성형상의 문제에서 결정되는 경우가 있다. 전자에 의해 필연적으로 parting이 결정되어지는 경우에 대해서도 형제작의 곤란, 성형에 대한 이형(離型), 돌출 등을 고려해서 변경하지 않으면 안 되는 경우도 생긴다.

그림 5-12에 나타낸 바와 같이 parting면을 동일의 수평면으로 하지 않고 제품의 앞뒤(表裏)에 나눠서 만든다. 그림에서와 같이 A와 B의 범위를 상호간에 분할시켜 주면 제품이면에 상당하는 부분을 두꺼운 밀핀으로 ejection시키는 것이 가능하게 된다.

이 경우 rib의 두께가 빼기구배(勾配)만큼 외견상 달라지나 그 차이는 극히 작으므로 전술의 밀핀(ejector pin) 자국이 남는 경우와 비교하면 허용될 수 있을 것이다. 이와 같은 단순한 제품형상이라도 parting을 결정하는 경우에는 이상의 것을 고려할 필요가 있다.

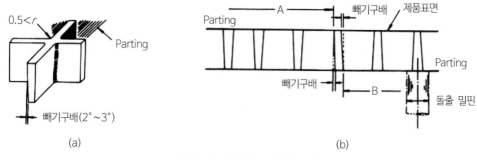

**그림 5-12** 격자상 제품의 상세

그림 5-13에 표시한 부분단면도는 잘 볼 수 있는 형상으로 (a)와 (b)를 비교하면 제품높이 $H$ 는 양쪽과 같은 것이지만 상부의 폭이 $A < B$ 로 되어 있다. 형제작상부터도, 제품의 성형상부터도 (a) 의 경우는 부적당하다. 형제작에서는 폭 $A$ 의 가는 부분을 parting면에서 직접 깎아들어감으로써 가공성이 극도로 저하된다. 또 그 부분만큼 제품의 살두께가 두껍게 되기 때문에 측면에 sink 등이 발생되기 쉽다. (b)는 이것을 개량해서 우선 형제작상에서도 (a)와 비교하면 좋게 되지만 역시 직접 parting면으로부터 깎아들어가는 높이가 큰 경우에는 문제가 남는다.

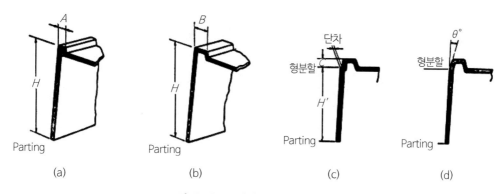

**그림 5-13** 모서리의 형상과 형분할

그래서 형제작을 고려한 형상에서는 (c) 또는 (d)의 형상으로 하는 것이 이상적이다. 어떤 경우에도 parting면은 같지만, 형제작상 $H'$ 의 위치에서 형을 분할하면 실제로 깎아들어가는 양은 $C$ 높이만큼 되어 절삭가공이 용이하게 된다. 그때 분할면에 대해 단차(段差)를 만들어 줌으로써 형분할선의 효율성으로서도 유효하게 되고, 또 (d)와 같이 측면의 각도를 $\theta$ 로 해서 변화시킬 수도 있다. 이와 같은 형상으로 제품설계를 하면 형제작은 전자의 (a), (b)에 비교해서 상당히 용이하게 되어진다.

한 예로 자동차의 radiator(냉각 장치)를 살펴보자. 차량관련 plastic 제품 중에서도 대형이며 복잡한 제품이다. 그래서 형제작상부터도 여러 가지 문제가 많으나, 특히 parting line이 곡면의 연속이며 또한 상·하의 요철(凹凸)이 크고 매끄러운 곡면의 변화가 있는 parting면이라면 형의 제작도 문제없지만, parting면이 단차가 되어 그 높이차를 형과 맞추는 경우에는 형의 제작과 함께 금형의 수명에도 관계된다.

그림 5-14에 radiator grille(그릴) 등에 대한 제품의 취부자리의 부분을 나타냈다. 앞서의 설명대로 일반적인 파팅면에서 취부자리의 면을 변화시킬 때 최소한 5°의 각도를 주어 파팅면을 凹凸로 한다. 그렇게 하면 형의 맞춤도 확실하게 되어 성형 중에 burr의 발생이나 갉아먹는 현상 등이 생기지 않게 되며 형의 보수측면에서도 양호하게 된다.

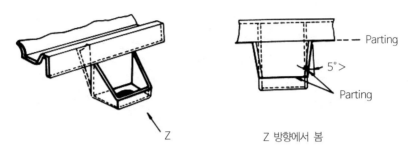

**그림 5-14** 凹凸의 Parting을 잡는 방법

## 5.2.2 Rib(리브) 형상의 설계

전술한 radiator grille, 가정용 전자제품인 텔레비전이나 라디오의 cabinet, 에어컨 그릴 등 rib를 취급한 제품이 많다. 그러므로 의의상 중요할 뿐만 아니라 그 형상은 여러 종류로서 다양하다.

여기서는 일반적인 rib가 그 형상에 의해 금형제작상 어떤 문제가 있는지를 기술한다.

그림 5-15의 (a)에 표시한 rib 단면형상은 잘 볼 수 있는 것이지만, rib 선단면이 수평면이라면 절삭가공에 의해 형은 제작된다. 물론 세로방향에서 본 형상이 직선이나 일정의 경사면의 경우에서 혹시 곡면이 있다거나 높이 변화가 있을 때에는 절삭가공은 곤란하게 된다. 이것이 (b)의 형상으로 되면 rib선단이 수평으로 되지 않아 절삭가공이 꽤 곤란해진다. 그래서 방전가공, 전주(電鑄), Be-Cu합금 등의 방법으로 제작하도록 한다. 단, 형의 제작은 위의 방법으로 가능하지만 성형상 parting면의 반대측에, cavity에서 이형(離型)시키기 위한 인장용 rib를 설계하지 않으면 rib가 취출(取出)될 수 없다. 그 관계치수는 (b)에 나타냈다.

또 그림 5-16에 표시한 rib 단면형상은 형에 직접 절삭가공하는 것이 불가능하다. 이 경우에는 방전가공이나 Be-Cu 합금으로 제작하더라도, 전극 또는 master를 별도로 제작하게 되는데 rib선단은 전술의 절삭가공과 다르며 경사면(곡면)쪽의 제작이 쉬운 경우가 있다.

이것은 형의 깎아내는 것과는 반대로 제품과 동일 형상의 것을 만드는 것이 되기 때문에 만일 Be-Cu합금으로 형제작을 하는 경우에는 master형상은 제품의 형상과 같게 되기 때문에 (a), (b)에 표시한 형상 쪽이 좋다. 또 이들 rib 선단의 모서리에는 반드시 0.3~0.5mm 이상의 round를 부여하고 날카로운 모서리는 극구 피해야 한다.

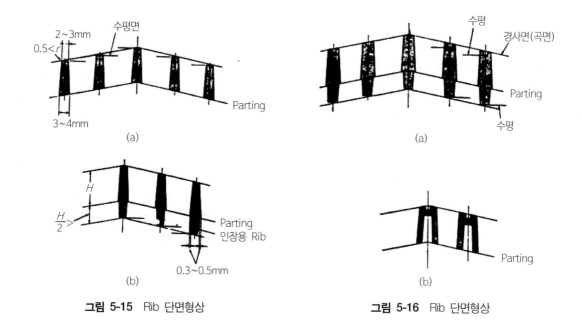

**그림 5-15**  Rib 단면형상     **그림 5-16**  Rib 단면형상

### 5.2.3 Eject(이젝트) 방법과 외관

제품의 형상, 외관에 있어 형에서 eject 방법이 결정되는 경우가 많지만 특히 제품표면이 되는 부분에 eject의 자국이 남아서는 곤란하므로 이것을 커버하기 위해서는 앞서 설명한 그림 5-12를 참조해야 한다.

또 그림 5-17은 자동차의 계기 판넬(meter panel) 뒷면의 일부를 나타낸 것이다. 그림에서와 같이 깊은 boss나 rib가 많이 있는 제품에서는 상당수의 밀핀(ejector pin)을 형에 설계하지 않으면 이형시(離型時)에 백화현상(白化現象)이나 균열이 생기기 쉽다. 그러나 적당한 eject 장소가 제한되어 있기에 eject balance는 상당히 잡기가 어렵다. 여기서는 깊은 boss의 가까이에 eject용 boss를 설계했다. 이것은 제품의 기능, 외관상으로는 꼭 필요한 것은 아니지만 eject하는 목적때문에 설계한 것

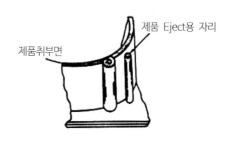

**그림 5-17**  제품을 Eject하기 위한 Boss

이다. 그래서 그 위치는 제품의 조립용 보스보다 낮게 하여 다른 곳에 영향이 없도록 배려해야 한다.

그림 5-18은 깊은 보스의 형상을 표시한다. 깊은 보스의 가장 좋은 eject 방법은 그 면을 직접 eject하는 sleeve eject이다. (a), (b)에 표시한 boss는 형의 core가 구석이며 제작상에도 별로 좋지 않고 또한 성형상 큰 sink가 발생하는 모양이 되고 있다. 이것을 (c), (d)와 같은 형상으로 하면 eject sleeve에 의해서 제품을 eject시키는 것이 용이하다. 또 측면에 생길 수 있는 sink의 방지에도 좋다.

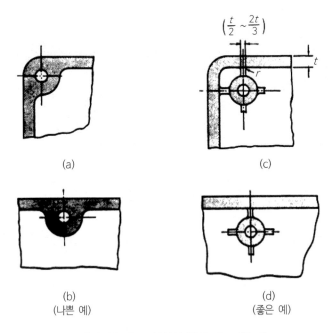

(a)

(c)

(b)
(나쁜 예)

(d)
(좋은 예)

**그림 5-18**  Boss형상의 좋은 예, 나쁜 예

### 5.2.4 Undercut(언더컷)

그림 5-19에 undercut의 한 예를 나타냈다. (a)의
경우는 parting면에 대해 각도 $\theta$를 가진 세로구멍이
다. 만약 이와 같이 금형에서 구멍을 처리하는 경우
에는 형의 외측면에서 $\theta$의 각도로 구멍가공을 해서
slide pin을 동작케 하는 설계가 되는데 치수 정도
(精度)와 공작측면에서 대단히 곤란하다. (b)는 이것
을 개선해서 parting면에 평행한 세로구멍으로 하고
도피자리도 parting면까지 빼기구배(taper)를 만들어
주어 형이 빠지도록 했다. 이 undercut이라면 형제
작의 정도, 공작도 용이해진다.

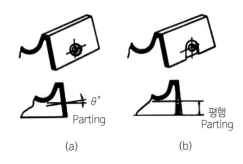

(a)

(b)

**그림 5-19**  Undercut의 설계 예

## 5.3 설계요점 예

| 불가(不可) | 가(可) | 적 요 |
|---|---|---|
| 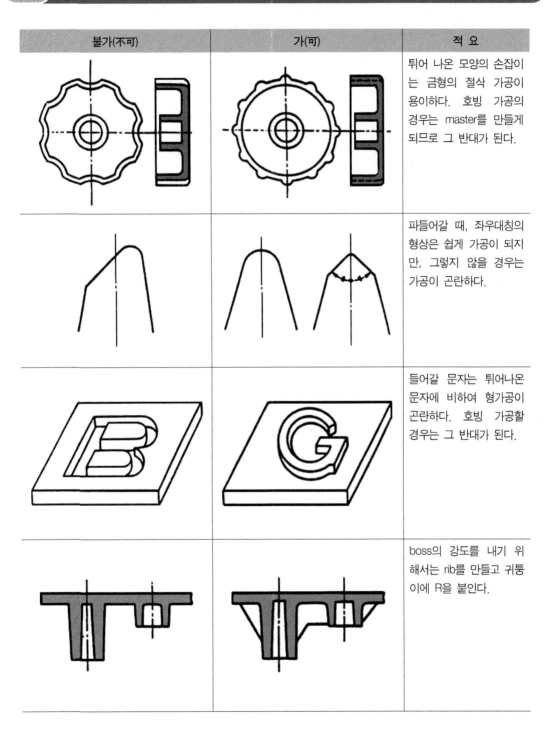 | | 튀어 나온 모양의 손잡이는 금형의 절삭 가공이 용이하다. 호빙 가공의 경우는 master를 만들게 되므로 그 반대가 된다. |
| | | 파들어갈 때, 좌우대칭의 형상은 쉽게 가공이 되지만, 그렇지 않을 경우는 가공이 곤란하다. |
| | | 들어갈 문자는 튀어나온 문자에 비하여 형가공이 곤란하다. 호빙 가공할 경우는 그 반대가 된다. |
| | | boss의 강도를 내기 위해서는 rib를 만들고 귀퉁이에 R을 붙인다. |

| 불가(不可) | 가(可) | 적 요 |
|---|---|---|
| | | 성형을 할 때 insert를 확실하게 고정시킬 수 있도록 insert의 끝면에서 core pin을 분할하여, insert가 움직이지 않도록 눌림여유를 댄다. |
| | | 기울어진 boss 또는 형상은 금형의 구조가 복잡 및 대형이 되기 때문에 parting line에 대하여 직각이 되도록 한다. |
| | | core에 비교적 큰 사이드 core를 관통하면, 고장의 요인이 되므로 두 방향에서 두 개의 core를 맞닿게 하는 것이 좋다. |
| | | 깊은 부분은 되도록 제품의 한 방향으로 붙도록 한다. |

| 불가(不可) | 가(可) | 적 요 |
|---|---|---|
| | | 금형에서 고정측 core의 형상은 수축에 의한 흡착을 피하도록 한다. |
| | | 살두께가 얇은 벽이나 undercut를 없애기 위해서는 U형으로 구멍을 늘리면 된다. |
| | | 성형품을 조합해서 고정시키게 되는 것은 그 corner에 relief를 설치해 둘 것. |
| | | 단면의 살두께가 두꺼운 곳에는 보강 rib를 붙여서 살두께는 균일하게 한다. |
| | | 내부의 브라켓에 구멍을 뚫으려 할 때에는 경제성을 충분히 고려해야 한다.<br>관통 구멍은 금형의 구조가 복잡해지며 비용도 높아진다. |

| 불가(不可) | 가(可) | 적요 |
|---|---|---|
| | | 측면의 구멍으로서도 가능한 것은 side core로 하지 않아도 좋을 설계로 하면 된다. |
| | | 살두께는 되도록 균일한 두께로 할 것. |
| | | 깊은 rib는 잘 빠지게 하기 위하여 되도록 최대의 draft(경사, 빼기구배)를 붙일 것. |
| 싱크 | $(t=0.5\sim0.77)$ | 두꺼운 rib는 표면sink의 원인이 되므로, 되도록 얇게 한다. |

| 불가(不可) | 가(可) | 적 요 |
|---|---|---|
| | | 모든 코너에는 최대의 R 을 붙인다. |
| | | insert 나사는 나사가 성형품에까지 닿는 것을 피하도록 하고, 평면부를 붙이면 매끈해진다. |
| | | 물결모양의 이음부분의 골은 금형으로 예각이 되는 것을 피한다. |
| 싱크 | | 단면이 T형으로 이어진 부분은 들어가게 되므로 core쪽에 edge를 만들어 살이 빠져나가게 한다. |

| 불가(不可) | 가(可) | 적 요 |
|---|---|---|
| | | 금형 구조상에서 "A" 부의 살이 얇아지는 것을 방지토록 할 것. |
| | | 형에서 떨어질 때 core pin에 수축의 힘이 걸려서 굽어질 수 있으므로 boss를 만들면 좋다. |
| | | 구멍을 관통하기가 곤란할 때에는 적당한 위치로 하든지, 또는 drill spot만으로 하는 것이 좋다. |
| | | 살이 얇은 단면 부분은 재료의 충전 부족이 되기 쉽다. |

참고
문헌

1. 이국환, "4차 산업혁명의 핵심소재, 플라스틱 미래산업에 답하다", 기전연구사, 2019.
2. 이국환, "최신 제품설계(Advanced Product Design)", 기전연구사, 2017.
3. 이국환, "제품설계·개발공학(Product Design and Development Engineering)", 기전연구사, 2008.
4. 홍명웅 편저, "엔지니어링 플라스틱 편람", 기전연구사, 2007.
5. 황한섭, "사출성형공정과 금형", 기전연구사, 2014.
6. 이진희, "섬유 강화 플라스틱", 기전연구사, 2009.
7. 플라스틱재료연구회 역, "플라스틱재료 독본", 기전연구사, 1999.
8. 桑嶋 幹, 久保敬次 공저, "기능성 플라스틱의 기본", SoftBank Creative, 2011.
9. 이국환, "설계사례 중심의 기구설계(개정증보판)", 기전연구사, 2021.
10. 이국환, "교육·강연·세미나·기술컨설팅 자료 등", 2016.
11. 이국환, "연구개발 및 기술이전 자료, 논문 등", 2017.
12. 이국환, "전자제품 기구설계 강의자료 등", 2016.

# 찾아보기

## 저자 소개

### 이국환(李國煥)

한양대학교 정밀기계공학과와 동대학원을 졸업한 후 한국산업기술대학교에서 기계시스템응용설계 관련 박사학위를 받았다. 30년 이상 대우자동차 연구소, LG전자 중앙연구소, 대학교에서 기계·시스템 및 부품·소재, 전자·정보통신, 환경·에너지, 의료기기 산업 등에서 아주 다양한 융·복합기술 분야의 첨단 R&D, 제품개발 및 프로젝트를 수행하였다.
주요 내역은 다음과 같다.
- LG전자 특허발명왕 2년(1992년~1993년) 연속 수상(회사 최초)
- LG그룹 연구개발 우수상 수상(1996년) – 국내 최초 및 세계 최소형·최경량 PDA(개인휴대정보단말기) 개발로 1996년 한국전자전시회 국무총리상 수상
- 문화관광부선정 기술과학분야 우수학술도서 저술상 3회 수상(1998년, 2001년, 2014년) – 국내 최다
- 2021년 제39회 한국과학기술도서상 출판대상 수상(과학기술정보통신부장관상) – "이국환 교수와 함께하는 스마트폰 개발과 설계기술" 시리즈 총 3권
- "중소기업을 위한 지식재산관리 매뉴얼" 자문 및 감수위원(특허청, 대한변리사회)
- LG전자, 삼성전자, 에이스안테나, 만도 등 다수 기업(BM발굴, 개발 및 현업문제해결 컨설팅, 특강)과 현대·기아 차세대 자동차 연구소(창의적 문제해결 방법론 교육)
- 삼성전기에서 제품개발 및 설계 직무교육
- 정부출연연구기관, 한국산업단지공단, 중소기업진흥공단, 지자체, 대학교 등에서 창의적 제품개발, 신사업발굴, R&D 전략 및 기술사업화(R&BD), 창의적 문제해결방법론 등 교육 및 강의
- 첨단 제품 및 시스템 관련 미국특허(2건), 중국특허(2건) 및 국내특허 20여개 보유

현재 한국산업기술대학교에서 기계시스템응용설계, 창의적 공학설계, ICT 제품설계·개발 등과 더불어 대학원에서 기술사업화 및 R&D전략, 특허기반의 제품·시스템개발 및 기술사업화(IP-R&D, R&BD), 기술경영(MOT) 등을 가르치고 있으며, 정부 R&D 개발사업화 과제 선정 및 평가위원장 등 다수 역할을 수행하고 있다.
또한, 다양한 융·복합기술 분야에서 창의적이며 혁신적인 특허·지식재산권(PM : Personal Mobility, 전동개인이동수단 관련 다수의 국내 및 미국특허등록, 중국특허등록, 해외특허 PCT 출원)을 보유하고 있으며 이를 활용한 글로벌 혁신적, 창의적이며 차별화된 첨단 제품과 시스템 개발에도 열정을 쏟고 있다. 다음과 같은 전문 분야에서도 활발한 활동을 하고 있다.
- 창의적 문제해결의 방법론 및 창의적 개념설계안의 도출·구체화
- 특허기술의 사업화(Open innovation), 특허분석 및 회피설계
- 제품개발과 기술사업화 전략, 사업아이템 발굴 및 BM(비즈니스 모델) 전략수립
- 제품·시스템설계 및 개발공학, 동시공학적 개발(CAD/CAE/CAM), 원가절감(VE) 및 생산성(Q.C.D) 향상
- 기술예측, R&D 평가 등

저서로는 〈수퍼 엔지니어링 플라스틱 및 응용〉, 〈엔지니어링 플라스틱 및 응용〉, 〈플라스틱 개론과 제품설계〉, 〈설계사례 중심의 기구설계(개정증보판)〉, 〈스마트폰 부품목록과 설계도면〉, 〈스마트폰 개발전략(Development Strategy of Smart Phone)〉, 〈스마트폰 개발과 설계기술〉, 〈최신 제품설계(Advanced Product Design) - ICT 및 융·복합 제품개발을 위한〉, 〈4차 산업혁명의 핵심소재, 플라스틱 미래산업에 답하다〉, 〈최신 기계도면 보는 법〉, 〈메커니즘 사전〉, 〈제품설계·개발공학〉, 〈제품개발과 기술사업화 전략〉, 〈동시공학기술(Concurrent Engineering & Technology)〉, 〈설계사례 중심의 기구설계〉, 〈2차원 CAD AutoCAD 2020, 2019, 2018, 2017, 2016, 2015, 2014 등〉, 〈3차원 CAD SolidWorks 2015, 2013, 2011 등〉, 〈SolidWorks를 활용한 해석·CAE〉, 〈3차원 CAD Pro-ENGINEER Wildfire 2.0 등〉, 〈기계도면의 이해 Ⅰ·Ⅱ〉, 〈2D 드로잉 및 3D 모델링 도면 사례집〉, 〈미래창조를 위한 창의성〉, 〈알파고 시대, 신인류 인재 육성 프로젝트〉 등 제품설계 및 개발, R&D, 기술사업화, CAD/CAE, 특허, 창의성, 창의적인 혁신제품의 개발전략 분야 등 상품기획, 제품설계 및 생산에 이르는 전분야·전주기에 걸친 총 65권의 관련 저서가 출간되어 있다.